DAS GROßE BUCH DER MATHEMATIK

Wie oft kommt es vor, dass zwei Personen am selben Tag Geburtstag haben? In einem Raum mit 23 Personen besteht eine Chance von 50 %, dass zwei am gleichen Tag zur Welt kamen, sagt die **WAHRSCHEINLICHKEITSTHEORIE**.

Die Originalausgabe erschien 2022 bei Wide Eye Editions, einem Imprint der Quarto Group
unter dem Titel „The book of Maths – Adventures in the World of Shapes and Numbers“.

5. Auflage 2026

moses. Verlag GmbH, Arnoldstraße 13d, 47906 Kempen
Fon: 0 21 52 - 20 98 50; Fax: 0 21 52 - 20 98 60
Mail: info@moses-verlag.de, www.moses-verlag.de

Covergestaltung: Weiß-Freiburg GmbH – Graphik & Buchgestaltung, Freiburg
Übersetzung aus dem Englischen von Stefanie Kuballa-Cottone
Lektorat, Redaktion und Satz: Weiß-Freiburg GmbH –
Graphik & Buchgestaltung, Freiburg
Produktmanagement: Ina Lutterbüse

ISBN: 978-3-96455-178-8

Printed in China

MIX
Papier | Fördert gute Waldnutzung
FSC® C016973

DAS GROSSE BUCH DER MATHEMATIK

ABENTEUER IN DER WELT DER FORMEN UND ZAHLEN

In der verrückten Welt der **TOPOLOGIE** haben diese drei Gegenstände in gewisser Weise die gleiche Form.

ANNA WELTMAN

ILLUSTRIERT VON
PAUL BOSTON

moses.

INHALT

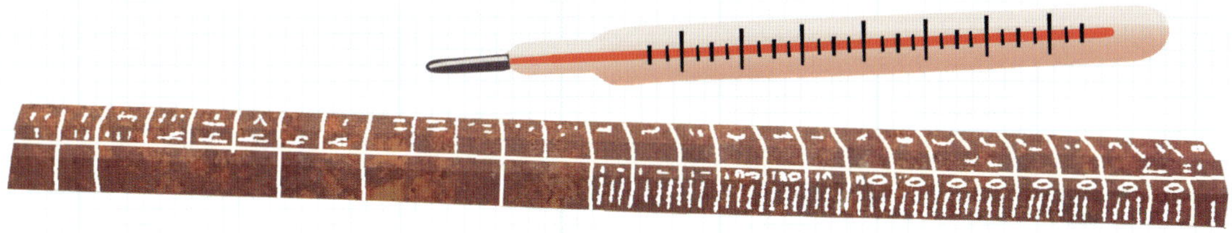

Der **SATURN** sieht kugelrund aus, ist es aber nicht!

Es gibt einen mathematischen Satz, in dem ein **SCHINKEN-SANDWICH** eine Rolle spielt.

Falls es **ALIENS** geben sollte, würden sie wahrscheinlich anders zählen als wir.

Über dieses Buch

Mathematik ist so viel mehr als Geometrie und Grundrechenarten! Sie ist Bestandteil aller Bereiche unseres alltäglichen Lebens, von Städtebau bis Gartenpflanze, von Verkehr bis Wetter, und steckt voll faszinierender, manchmal magischer Überraschungen. Ein Gebilde, das rollt, aber nicht rund ist? Zahlen, die größer sind als das gesamte Universum? Mathematik verblüfft uns jeden Tag aufs Neue.

Mathematiker*innen erkunden die dunkelsten Abschnitte des Weltalls und die sonnigsten Stellen in unseren Gärten. Sie fragen sich, wie Wolkenkratzer gebaut und geheime Informationen gesichert werden können. Sie spielen, malen Bilder, komponieren Musik und sind ganz normale Menschen wie du und ich – im Altertum, als noch mit Hölzchen und Tonplättchen gerechnet wurde, genauso wie heute, wo leistungsstarke Computer blitzschnell komplexe Berechnungen ausführen.

Die spiralenförmige Anordnung der Kerne einer **SONNENBLUME** folgt einem mathematischen Muster.

BIENEN können zählen.

In einer **VIERDIMENSIONALEN WELT** könnten wir ins Innere der Dinge schauen.

Es ist unwahrscheinlich, dass du von einem **BLITZ** getroffen wirst, aber noch unwahrscheinlicher, dass du den Jackpot gewinnst.

SCHNEEFLOCKEN sind auf mehr als eine Art symmetrisch.

Skydiving: 10 Mikromort; der Versuch, den Mount Everest zu besteigen: 37.000 Mikromort. Errätst du, was ein **MIKROMORT** sein könnte?

Dieses Buch enthält Hunderte erstaunliche, seltsame und spannende Fakten rund um die Mathematik. Lies es, wie du magst: der Reihe nach von vorne bis hinten oder kreuz und quer. Du lernst berühmte Mathematiker*innen kennen, einen Donut, der sich in eine Kaffeetasse verwandelt, und eine Pflanze, die zählen kann. Du erfährst, wo Mathe in Natur, Kunst und Architektur oder im Sport vorkommt. Du findest heraus, wie oft man ein Blatt Papier falten müsste, damit es bis zum Mond reicht (weniger oft, als du vielleicht glaubst!), und wie ein winziger Fehler eine 100 Millionen € teure Weltraumsonde zerstört hat. Ganz nebenbei schnappst du clevere Mathetricks auf, lernst einen unknackbaren Geheimcode und bringst dein Gehirn mit kniffligen Rätseln auf Trab.

Mathe ist manchmal wie Zauberei – und gleichzeitig die normalste Sache der Welt. In allem, was du sehen, berühren oder dir vorstellen kannst, steckt wahrscheinlich Mathematik. Wo findest du deine heutige Portion Mathe?

Wenn du an einer **ROTEN AMPEL** halten musst, ist die Mathematik schuld!

In Gebäuden mit einem hohen **SCHLANKHEITSGRAD** werden Leute manchmal seekrank.

Was ist Mathematik?

Alle lernen Mathe in der Schule, aber Mathe ist mehr als Rechnen. Mathematiker*innen untersuchen alles mögliche – bizarre Formen, imaginäre Zahlen, die Weltwirtschaft und winzige Moleküle. Was genau ist Mathematik überhaupt? Und wo kommt sie her?

NICHT NUR ZAHLEN Du kannst addieren, subtrahieren, multiplizieren und dividieren, aber es gibt noch so viel mehr zu lernen! Wie viele der unten aufgeführten Teilgebiete der Mathematik kennst du schon?

Die **STOCHASTIK** (mit den Gebieten Statistik und Wahrscheinlichkeitstheorie) ist die Mathematik des Zufalls. Wenn gewürfelt oder eine Münze geworfen wird, liefert sie Antworten auf Fragen wie: „Welches Ergebnis ist wahrscheinlich?“, „Was ist unwahrscheinlich?“ und „Was so gut wie unmöglich?“

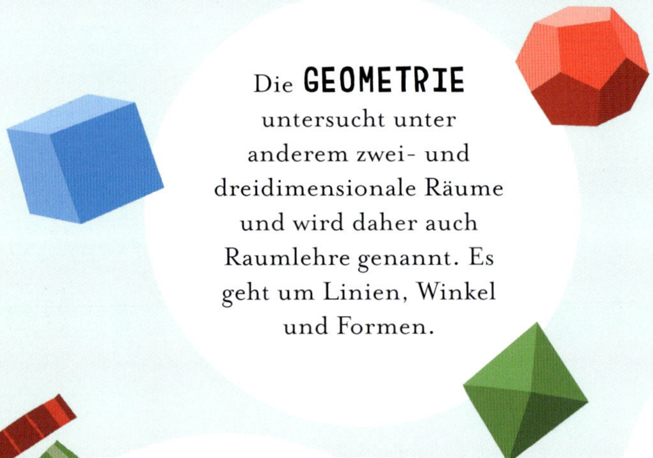

Die **GEOMETRIE** untersucht unter anderem zwei- und dreidimensionale Räume und wird daher auch Raumlehre genannt. Es geht um Linien, Winkel und Formen.

Σ x π

In der **ALGEBRA** geht es um mathematische Symbole. Das umfasst die uns vertrauten Zahlen, aber auch Symbole wie π (die Kreiszahl Pi beträgt 3,14159...), x (als Stellvertreter für eine unbekannte Zahl) und i (das Symbol für die Quadratwurzel aus -1, auch imaginäre Zahl genannt). Wer sich für Algebra begeistert, mag Ordnung und Struktur.

$\propto$ y

Die **KOMBINATORIK** beantwortet Fragen wie zum Beispiel: „Wie viele verschiedene Sockenpaare lassen sich aus zwei roten, drei grünen und einer blauen Socke zusammenstellen?“ Wenn du deine Sockenschublade gerne nach Farbe, Länge oder Anzahl der Löcher sortierst, ist Kombinatorik das perfekte Gebiet für dich.

Die **TOPOLOGIE** befasst sich mit Formen, die sich dehnen, stauchen, verbiegen und verdrillen lassen. Topolog*innen versuchen unmögliche Knoten zu losen, Kaffeetassen in Donuts zu verwandeln und Ballons von innen nach außen zu stülpen, ohne ein Loch in sie zu reißen. Sie sind die Zauberkünstler*innen der Mathematik!

Die **ANALYSIS** untersucht Dinge, die sich verändern. Typische Fragestellungen sind: „Wie schnell?“, „Wie weit?“ und „Wie groß ist der Unterschied?“

WENN ICH GROSS BIN, WILL ICH … IRGENDWAS MIT MATHE MACHEN!

Mathe spielt in vielen Berufen eine Rolle. Hier sind einige Beispiele:

INGENIEUR*INNEN NUTZEN GEOMETRIE UND STOCHASTIK, UM SICHERE HÄUSER, BRÜCKEN UND STRASSEN ZU BAUEN.

BIOLOG*INNEN KÖNNEN MITHILFE VON ANALYSIS VORHERSAGEN, WIE SICH KRANKHEITEN VERBREITEN.

BILDHAUER*INNEN LASSEN SICH VON GEOMETRIE UND TOPOLOGIE INSPIRIEREN, UM KUNSTWERKE ZU ERSCHAFFEN.

FILIALLEITER*INNEN NUTZEN ALGEBRA UND STOCHASTIK, UM VORAUSSCHAUEND PLANEN ZU KÖNNEN.

ASTRONAUT*INNEN NUTZEN ANALYSIS UND ALGEBRA, UM RAUMSCHIFFE ZU BAUEN, ZU STARTEN UND ZU STEUERN.

MATHELEHRER*INNEN MÜSSEN SICH IN ALLEN TEILGEBIETEN AUSKENNEN!

WOHER KOMMT DIE MATHEMATIK?

Wahrscheinlich fing alles mit dem Zählen an, vor mehreren Zehntausend Jahren.

Die Menschen der Vorzeit wollten den Überblick über bestimmte Mengen behalten und dachten sich daher Zahlen und die Grundrechenarten aus. Mithilfe der Mathematik fanden sie außerdem heraus, wie man stabile Gebäude baut – und erfanden die Geometrie.

Einige der kompliziertesten mathematischen Berechnungen betrafen die Bestimmung der Tageszeit und der Jahreszeiten. Die Völker, die damals im Nahen und Mittleren Osten, in Asien und Amerika lebten, mussten genau wissen, wann die Jahreszeiten wechselten, um daraus die besten Zeiten fur Aussaat und Ernte ableiten zu können. Sie nutzten die Mathematik, um ihre Beobachtungen festzuhalten und Vorhersagen zu treffen.

Mathe im Alltag

Mathe regiert die Welt! In der Schule hast du sicher schon gehört, dass Mathematik nützlich ist – und das stimmt auch! Viele alltägliche Fragen haben etwas mit Mathe zu tun.

MATHEMATIK ZUM ANFASSEN …

Sieh dich um! Mathe ist überall: Auf den Preisschildern der Sonderangebote, wenn das Pflegepersonal die Dosis eines Medikaments abmisst oder wenn eine Pizza in gleichgroße Stücke zerteilt wird. Das sind typische mathematische Fragestellungen, mit denen viele Leute jeden Tag zu tun haben.

BEIM EINKAUFEN

Wenn ein Geschäft mit Rabatt und Preisnachlass wirbt, brauchen wir die Mathematik, um zu berechnen, wie viel Geld wir sparen können – oder ob es das gleiche Produkt woanders günstiger gibt.

AUF DER BAUSTELLE

Das Errichten eines Gebäudes bedeutet jede Menge Mathematik: zum Zeichnen der Baupläne, zur Kostenschätzung, um zu berechnen, wie viele Baumaterialien gebraucht werden, und damit das Gebäude nicht in sich zusammenfällt, wenn es fertig ist!

AUF DER BANK

Mathe hilft uns auszurechnen, wie viele Zinsen wir auf unsere Ersparnisse bekommen.

IN DER KÜCHE

Beim Kochen und Backen nutzen wir Mathe, wenn wir die Zutatenmengen anpassen, weil wir eine größere oder kleinere Menge zubereiten wollen.

BEI AUTOFAHRTEN

Wir benutzen Mathematik, um auszurechnen, wie lange es dauert, um mit einer bestimmten Geschwindigkeit unser Ziel zu erreichen, wie viel Benzin wir auf der Fahrt verbrauchen und wie viel das kosten wird.

… UND UNSICHTBARE MATHEMATIK

Viele mathematische Vorgänge um uns herum bleiben uns verborgen. Ein Algorithmus ist eine Reihe von mathematischen Regeln oder Handlungsvorschriften. Auf der ganzen Welt benutzen Computer Algorithmen, um Vorhersagen zu treffen. Sie sind Bestandteil von Programmen, die riesige Datenmengen verarbeiten und in nützliche Informationen verwandeln. Algorithmen helfen auch, Muster in Messreihen und Statistiken zu erkennen.

MATHE IM HIMMEL

Warum ist dein Flugticket vielleicht teurer als das der Person neben dir? Mathematik! Preise werden entsprechend der Nachfrage von Computeralgorithmen festgesetzt.

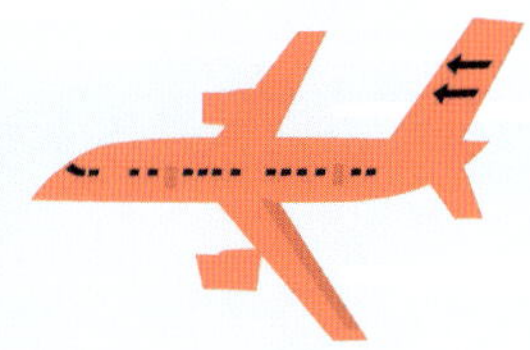

DIE LOGIK DER LOGISTIK

Wie erreichen Milliarden von Briefen und Paketen so schnell ihr Ziel? Mathematik! Algorithmen berechnen für jeden Brief und jedes Paket die effizienteste Route. Zunächst wird die Post zum nächstgelegenen Verteilerzentrum gebracht. Dort wird sie sortiert und an den endgültigen Bestimmungsort transportiert.

WIE HOCH IST DAS RISIKO?

Unternehmen, die unser Eigentum, unsere Gesundheit usw. gegen Schaden versichern, verwenden Algorithmen, um zu berechnen, wie hoch das Risiko ist, dass ein Unfall geschieht.

STOP-AND-GO

Woher weiß die Ampel, wie lange sie auf Rot stehen soll? Mathematik! Algorithmen berechnen den optimalen Verkehrsfluss an einer Kreuzung.

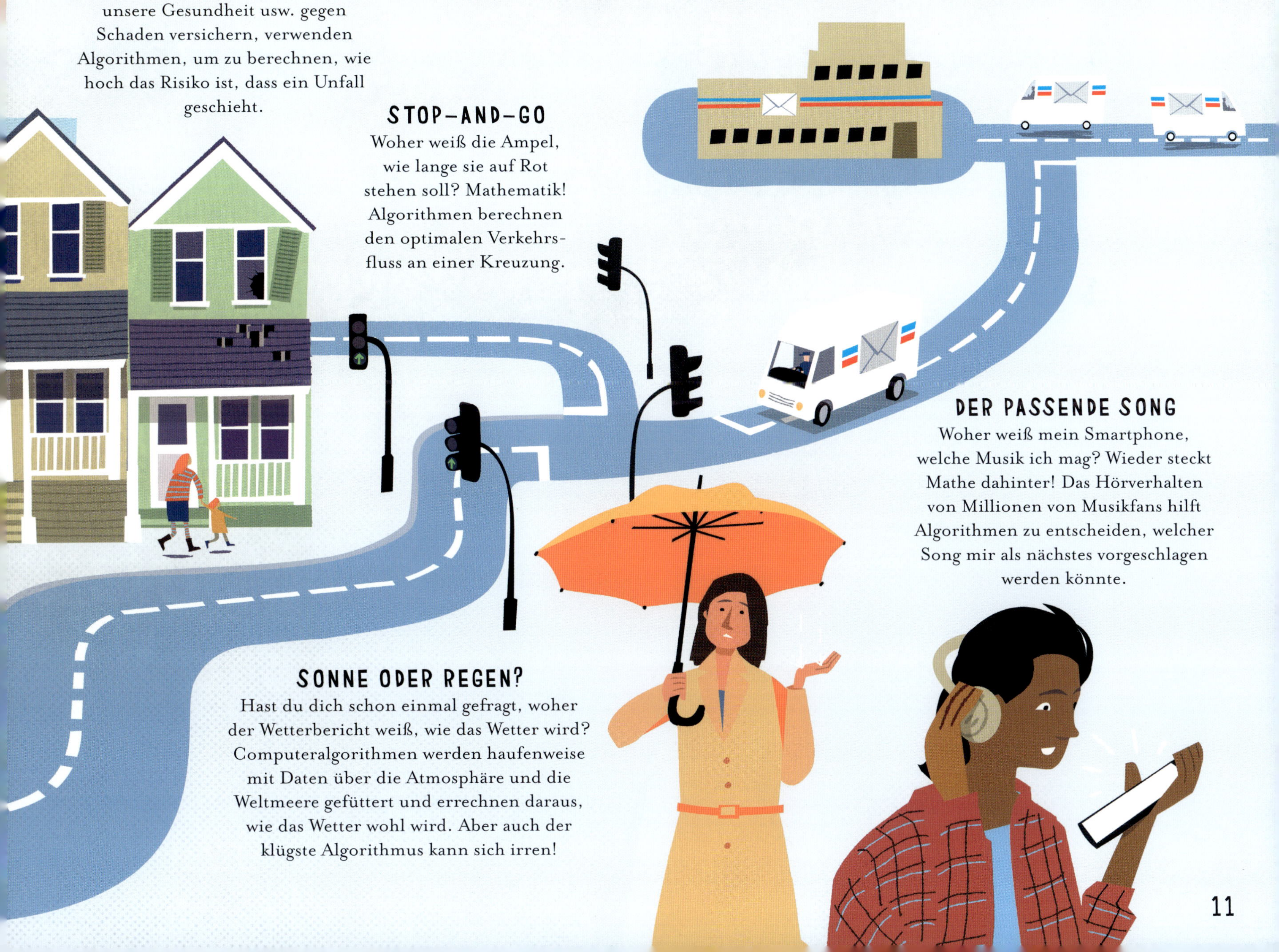

DER PASSENDE SONG

Woher weiß mein Smartphone, welche Musik ich mag? Wieder steckt Mathe dahinter! Das Hörverhalten von Millionen von Musikfans hilft Algorithmen zu entscheiden, welcher Song mir als nächstes vorgeschlagen werden könnte.

SONNE ODER REGEN?

Hast du dich schon einmal gefragt, woher der Wetterbericht weiß, wie das Wetter wird? Computeralgorithmen werden haufenweise mit Daten über die Atmosphäre und die Weltmeere gefüttert und errechnen daraus, wie das Wetter wohl wird. Aber auch der klügste Algorithmus kann sich irren!

EINE KURZE GESCHICHTE der Mathematik

Wo nahm die Mathematik ihren Ursprung? Hier sind einige der wichtigsten Entdeckungen, vom steinzeitlichen Kerbholz bis heute.

VOR 43.000 JAHREN

Die ältesten bekannten **ZAHLZEICHEN** fand man in Afrika. Es sind Kerben, die in einen Pavianknochen, den sogenannten Lebombo-Knochen, geritzt wurden.

8000 V. CHR.

In Sumer (Gebiet des heutigen Irak) nutzen Menschen kleine **TONTAFELN**, um die Anzahl von Dingen zu notieren.

3100 V. CHR.

Die Sumerer entwickeln eine Schrift und das erste vollständige **ZAHLENSYSTEM**. Von da an brauchten sie keine Tontafeln und Kerbhölzer mehr.

2200 V. CHR.

Der Sage nach zeigt eine Schildkröte dem chinesischen Kaiser Yu das erste

MAGISCHE QUADRAT. In diesem mathematischen Rätsel sollen die neun Felder eines Quadrats mit den Zahlen von 1 bis 9 gefullt werden, sodass die Summe jeder senkrechten und waagerechten Reihe 15 ergibt. Findest du des Rätsels Lösung?

DIE LÖSUNG FINDEST DU AM ENDE DES BUCHES!

2000 V. CHR.

Im alten Babylon werden den Schüler*innen die ersten **HAUSAUFGABEN** aufgegeben.

1650 V. CHR.

π

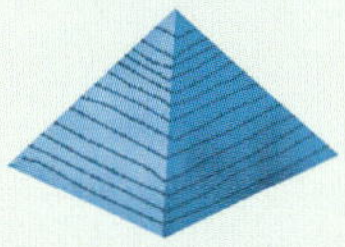

Die alten Ägypter verwenden eine Zahl, die sehr nahe an **PI** herankommt, um die Fläche von Kreisen zu bestimmen.

300 V. CHR.

Der antike griechische Mathematiker **EUKLID** schreibt das berühmteste Mathebuch aller Zeiten: „Elemente".

300 V. CHR.

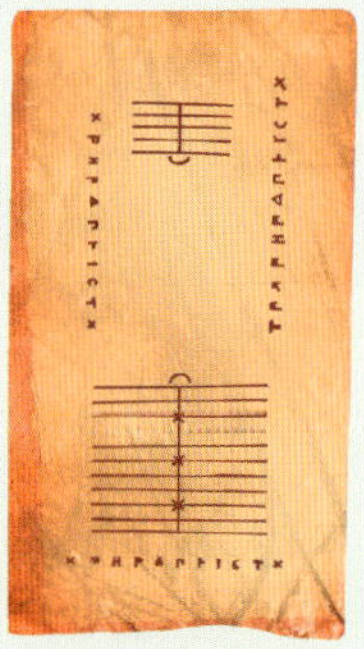

Die Salaminische Tafel ist das älteste erhaltene **RECHENBRETT.**

UM DAS JAHR 200 V. CHR

NEGATIVE ZAHLEN werden in China erfunden, aber in Indien erst um 620 n. Chr. und in Europa im 19 Jh. verwendet.

UM DAS JAHR 300

In Indien erfinden Mathematiker die Zahl **NULL**. Auf Seite 16 erfährst du, warum das so wichtig war.

391

Beim Brand der antiken **BIBLIOTHEK VON ALEXANDRIA** gehen bedeutende Mathematikbücher für immer verloren.

UM 250–900

Das in Mexiko und Mittelamerika lebende Volk der Maya nutzt Mathematik, um einen ausgeklügelten **KALENDER** zu erschaffen.

UM 600

1 2 6 3 4 7

Die **INDISCH-ARABISCHEN ZAHLENSYMBOLE**, die wir heute verwenden, werden in Indien erfunden.

UM 800

Im Iran wird das erste Algebrabuch verfasst. Der Ausdruck „al-gabr" im Titel ist der Ursprung des Wortes Algebra.

1360

In Frankreich wird das **PLUSZEICHEN** erfunden. (Das Minuszeichen taucht erst hundert Jahre später auf.)

1557

Das **GLEICHHEITSZEICHEN** wird erstmals von einem englischen Mathematiker benutzt, dem es zu mühsam ist, immer wieder „ist gleich" zu schreiben.

1637

x

Das **SYMBOL X** wird erstmals verwendet, um in der Algebra eine unbekannte Größe darzustellen. Davor schrieb man die Rechenoperationen in Sätzen.

SPÄTES 17. JH.

Die Mathematiker Isaac Newton und Gottfried Leibniz erfinden unabhängig voneinander zur gleichen Zeit die **INFINITESIMALRECHNUNG**.

1795

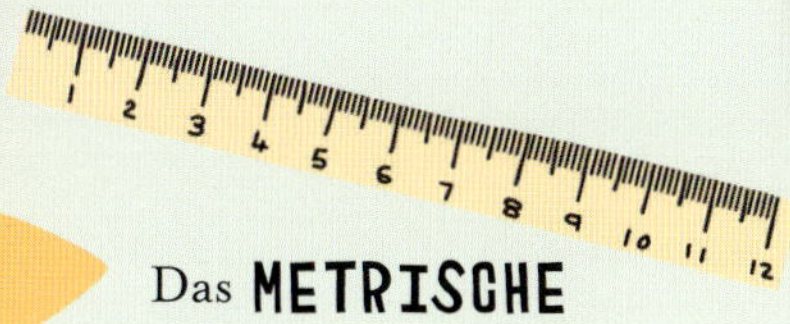

Das **METRISCHE SYSTEM** wird festgelegt. Es ist das erste einheitliche Maßsystem der Welt.

1834

Der englische Mathematiker Charles Babbage entwirft den **ERSTEN COMPUTER**.

1970

Die ersten **TASCHENRECHNER** werden verkauft.

1975

Der Mathematiker Benoît Mandelbrot prägt den Begriff der **FRAKTALE**.

1976

Erstmals wird ein wichtiger mathematischer Satz von einem Computer bewiesen. Auf Seite 68 erfährst du mehr über den **VIER-FARBEN-SATZ**.

2000

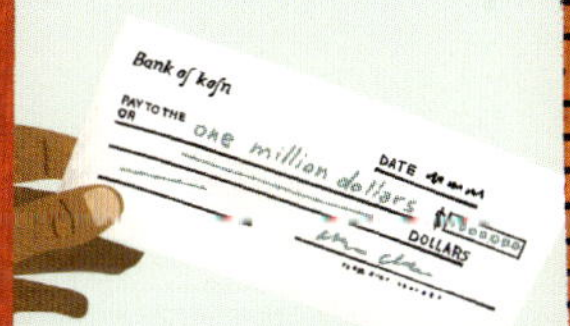

Das US-amerikanische Clay Mathematics Institute bietet jedem, der eines der sieben **UNGELÖSTEN PROBLEME DER MATHEMATIK** löst, ein Preisgeld von 1 Million $. Ob eines dieser „Millenium-Probleme" gelöst wurde, erfährst du auf Seite 77!

2019

Die Mathematikerin Emma Haruka Iwao errechnet **31,4 BILLIONEN** Nachkommastellen der Kreiszahl Pi.

DIE RUHMESHALLE DER MATHEMATIK

Welche dieser berühmten Mathematiker*innen kennst du? Schau dich in der Ruhmeshalle um, vielleicht lernst du neue Namen kennen!

EUKLID

um 300 v. Chr.

Ägypten/Griechenland

Euklid ist der Begründer der modernen Geometrie. Seine berühmte Abhandlung „Elemente“ wurde über 2000 Jahre lang als Lehrbuch benutzt.

LIU HUI

um 263

China

Liu Hui verfasste einige der ersten mathematischen Beweise der Welt. Ein solcher Beweis ist eine Art Erörterung, die zeigt, dass eine Theorie stimmt. Beweise sind in der Mathematik sehr wichtig.

HYPATIA

um 355–415

Griechenland

Hypatia war die bedeutendste Mathematikerin und Astronomin ihrer Zeit. Wissensdurstige reisten aus aller Welt an, um sie sprechen zu hören. Leider ist ein Großteil ihrer Werke verloren gegangen.

BRAHMAGUPTA

598– um 655

Indien

Brahmagupta war der erste Mathematiker, der in seinem Werk ausgiebig Gebrauch von der 0 (Null) machte. Außerdem notierte er Regeln zum Rechnen mit negativen Zahlen.

MUHAMMAD IBN MUSA AL-CHWARIZMI

um 780– um 850

Persien

Al-Chwarizmi hat die Algebraregeln aufgestellt, nach denen wir uns bis heute richten. Außerdem führte er die indisch-arabischen Zahlen (0, 1, 2, 3, 4, 5, 6, 7, 8 und 9) in Europa ein.

GIROLAMO CARDANO

1501–1576

Italien

Cardano war Mathematiker, Arzt, Astronom und Spieler. Er befasste sich als einer der ersten Mathematiker mit den Gesetzmäßigkeiten des Zufalls und der Wahrscheinlichkeit. Durch seine Spielleidenschaft gewann er viele interessante Erkenntnisse.

ADA LOVELACE

1815–1852

Großbritannien

Lovelace war wahrscheinlich die erste, die einen Computer programmierte! Sie schrieb ein Programm für einen der ersten Computer, eine mechanische Rechenmaschine namens „Analytical Engine“.

SOFJA WASSILJEWNA KOWALEWSKAJA

1850–1891

Russland

Kowalewskaja war die erste Frau im modernen Europa mit einem Doktorgrad in Mathematik – eine echte Pionierleistung! Ihre Berechnungen trugen z. B. dazu bei zu erklären, wie Wasser, Klang und Wärme sich ausbreiten.

PAUL ERDŐS

1913–1996

Ungarn

Erdős schätzte Zusammenarbeit sehr. Mathematiker*innen vergleichen gerne ihre „Erdős-Zahl“: Wer mit Erdős zusammengearbeitet hat, besitzt die Erdős-Zahl 1; wer mit Personen mit Erdős-Zahl 1 zusammengearbeitet hat, bekommt die Erdős-Zahl 2 usw.

JOHN CONWAY

1937–2020

Großbritannien

Conway liebte mathematische Spiele. Bei dem von ihm erfundenen „Spiel des Lebens“ betrachtet man die Entwicklung kleiner Zellgruppen unter bestimmten Bedingungen.

EINGEFÄRBTE FELDER ENTSPRECHEN LEBENDEN ZELLEN. LEERE FELDER SIND TOTE ZELLEN. DIE SPIELREGELN LAUTEN:

1. Eine lebende Zelle bleibt am Leben, wenn sie zwei oder drei Nachbarn hat (diagonale Zellen zählen als Nachbarn).
2. Eine lebende Zelle stirbt, wenn sie weniger als zwei oder mehr als drei Nachbarn hat.
3. Eine tote Zelle mit drei lebenden Nachbarn wird wieder lebendig.

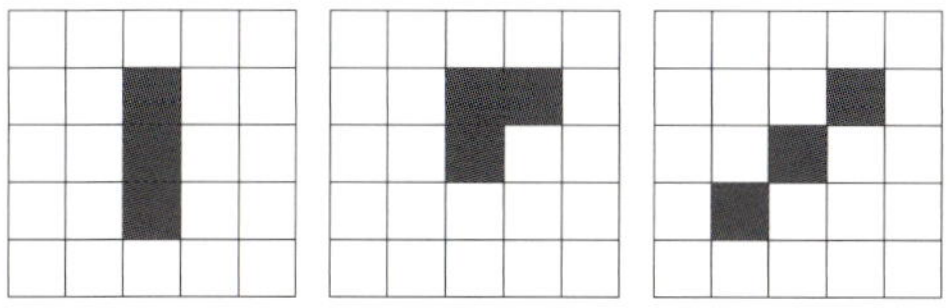

Findest du heraus, welche der abgebildeten drei Zellgruppen stirbt?

DIE LÖSUNG FINDEST DU AM ENDE DES BUCHES!

TERENCE TAO

geb. 1975

Australien/USA

Tao brachte sich mit 2 Jahren die Grundrechenarten selbst bei und schrieb mit 15 sein erstes Buch „Solving Mathematical Problems“. Bei mehreren ungelösten mathematischen Problemen hat er wichtige Fortschritte erzielt.

WILLIAM A. MASSEY

geb. 1956

USA

Massey beschäftigt sich mit „angewandter Mathematik“, also Mathematik, die benutzt wird, um Wissenschaft und Technik voranzubringen, Krankheiten zu heilen und die moderne Welt besser zu vernetzen. Sein Spezialgebiet ist die Warteschlangentheorie.

MARYAM MIRZAKHANI

1977–2017

Iran

Mirzakhani wurde als erste Frau mit der Fields-Medaille ausgezeichnet, einem der wichtigsten Mathepreise überhaupt. Sie erhielt die Auszeichnung für ihre Forschungen auf dem Gebiet der hyperbolischen Geometrie, die sich mit gekrümmten Formen wie Salatblättern und Sätteln beschäftigt.

GANZ BESONDERE ZAHLEN

Es ist an der Zeit, einige herausragende Zahlen kennenzulernen. Entdecke, was an ihnen so besonders ist!

Bis ins 17. Jahrhundert hinein traute man in Europa der 0 nicht über den Weg und glaubte auch nicht, dass sie eine richtige Zahl war. In Florenz (Italien) wurde sie 1299 sogar verboten!

DIE SCHAURIGSTE ZAHL?

DIE NÜTZLICHSTE ZAHL

Die Zahl 0 ist weniger als 2000 Jahre alt. Davor gab es keine Zahl, um „nichts" darzustellen! Was haben die Leute ohne die Null gemacht?

Heute benutzen wir die 0 für verschiedene Zwecke. Zunächst einmal steht sie für die Anzahl 0 – das Nicht-Vorhandensein von etwas.

Und wir verwenden sie, um sehr große oder sehr kleine Zahlen zu schreiben. Bevor es die 0 gab, stellte man große und kleine Zahlen mit komplizierten Systemen aus Symbolen und Bildern dar. Dank der 0 können wir alle Zahlen mithilfe von nur zehn Ziffern schreiben.

Allein mit den Ziffern 2 und 0 können wir unendlich kleine und große Zahlen schreiben.

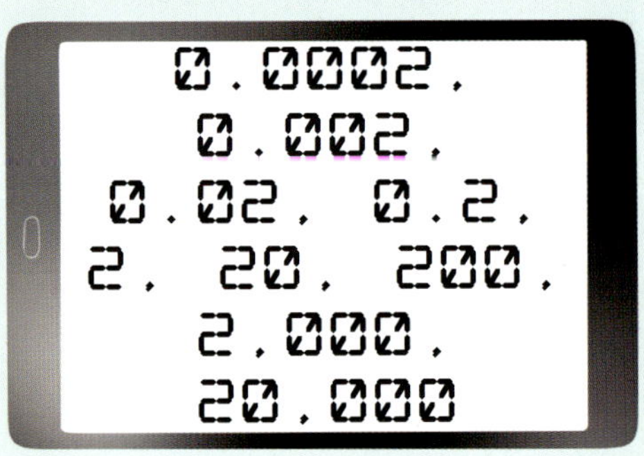

Im alten Ägypten gab es keine 0. Stattdessen gab es je ein Bildsymbol für 1, 10, 100 usw. bis zu 1 Million. Dadurch wurden manche Zahlen sehr, SEHR lang! Hier siehst du die Zahl **2.758.346** in ägyptischen Hieroglyphen:

WEITERE BESONDERE ZAHLEN

Hier siehst du verschiedene Zahlenreihen. Findest du heraus, wie jeweils die nächste Zahl lauten müsste?

DREIECKSZAHLEN

Diese Zahlen können als Punkte eines Dreiecks dargestellt werden. Die ersten vier Zahlen lauten: 1, 3, 6, 10.

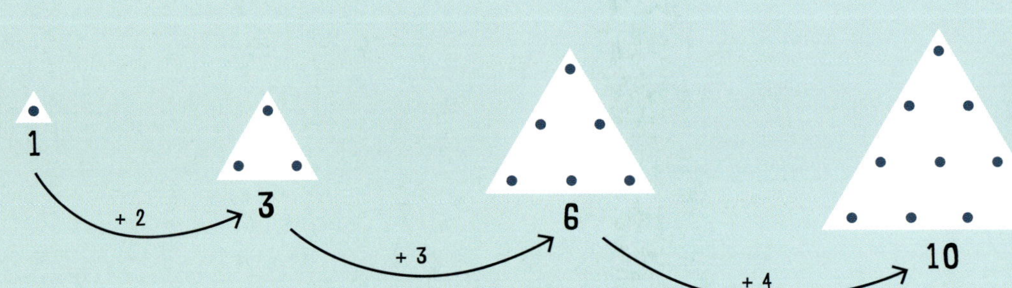

Von einem Dreieck zum nächstgrößeren Dreieck erhöht sich die Anzahl der addierten Punkte immer um 1.

DIE VOLLKOMMENE ZAHL

Die 6 ist einfach perfekt! Aber warum?

Wenn du all ihre echten Teiler (alle Zahlen, durch die eine Zahl geteilt werden kann, außer der Zahl selbst) addierst, erhältst du wieder die Zahl 6!

6 IST TEILBAR DURCH 1, 2 UND 3.
1 + 2 + 3 = 6

DIE BELIEBTESTE ZAHL

Der britische Mathematiker Alex Bellos fragte über 30.000 Personen nach ihrer Lieblingszahl. Die 7 gewann mit 9,7 % der Stimmen.

Bislang wurden 51 vollkommene Zahlen entdeckt. Die 6 ist die kleinste. Die größte hat 49.724.095 Stellen!

Würde man diese Zahl ausschreiben und wäre jede Ziffer etwas mehr als einen Zentimeter breit, reichte sie von San Francisco bis Los Angeles!

DIE HÄUFIGSTE ANFANGSZAHL

Wenn du dir eine beliebige Liste mit mehrstelligen Zahlen anschaust, fällt dir vielleicht etwas Merkwürdiges auf: Die häufigste Anfangszahl ist die 1! Fast ein Drittel aller mehrstelligen Zahlen! Verrückt.

Dieses Phänomen wird als Benfordsches Gesetz bezeichnet. Es gilt für alle Listen, in denen viele große Zahlen vorkommen – Einwohnerzahlen von Ländern, Einzugsgebiete von Flüssen oder die Entfernung von Sternen zur Erde.

Am seltensten kommt die 9 als Anfangszahl vor. Laut Benfordschem Gesetz beginnen in Listen mit großen Zahlen nur 5 % mit einer 9.

Das Benfordsche Gesetz hilft bei der Lösung von Kriminalfällen und beim Aufdecken von Betrugsdelikten. Wenn Kriminelle Geld stehlen und versuchen, dies mit gefälschten Unterlagen zu vertuschen, vergessen sie meist, bei ihren ausgedachten Bilanzen das Benfordsche Gesetz zu beachten!

DAS PIZZA-PROBLEM

In wie viele Teile kann ich eine Pizza zerschneiden, wenn ich gerade Schnitte mache? Die Schnitte müssen nicht durch die Mitte gehen, aber jeder neue Schnitt muss die vorhandenen einmal kreuzen.

1 Schnitt = **2** Stücke → +2 → 2 Schnitte = **4** Stücke → +3 → 3 Schnitte = **7** Stücke → +4 → 4 Schnitte = **11** Stücke

UNO, YI, WAHID
So zählt die Welt

Es gibt Tausende von Arten, „eins" zu sagen! Hier siehst du ein paar Beispiele, wie an verschiedenen Orten auf der Welt gezählt wird. In wie vielen Sprachen kannst du bis fünf zählen?

DIE PIRAHÃ im brasilianischen Amazonasgebiet zählen überhaupt nicht: Ihre Sprache hat keine Wörter für Zahlen. Sie haben zwar Ausdrücke für „ein bisschen" (hói) und „viele" (baágiso), aber nicht für einzelne Zahlen wie zwei, zehn oder fünfzig.

Im Deutschen zählen wir in Zehnergruppen, aber das Zahlensystem der westafrikanischen Sprache **WOLOF** basiert auf der Fünf. Eins heißt „benn", fünf ist „juróom" und sechs heißt „juróom-benn" (fünf-eins).

IST DIE GEBÄRDENSPRACHE ÜBERALL AUF DER WELT GLEICH?

Nein! Schon die Art, wie gezählt wird, ist zum Teil sehr unterschiedlich. Wie zählst du mit deinen Händen?

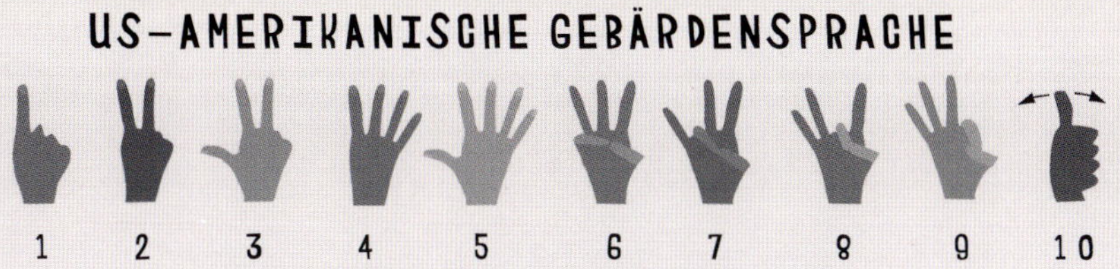

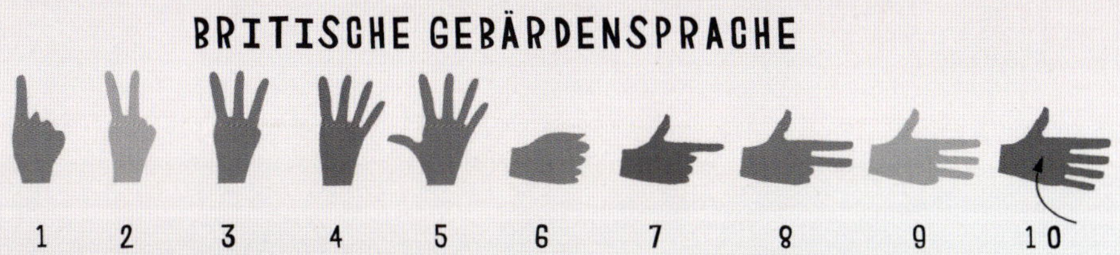

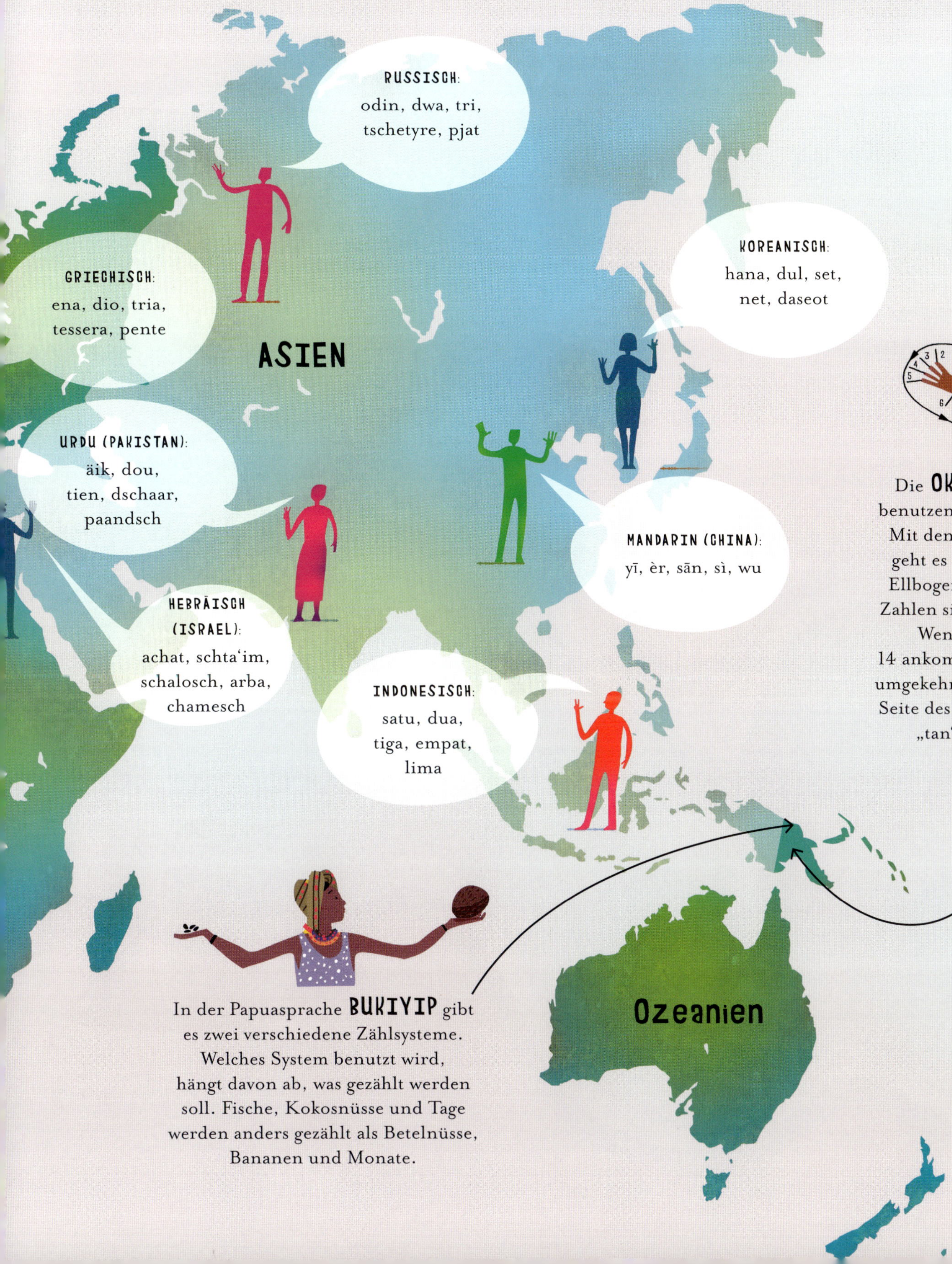

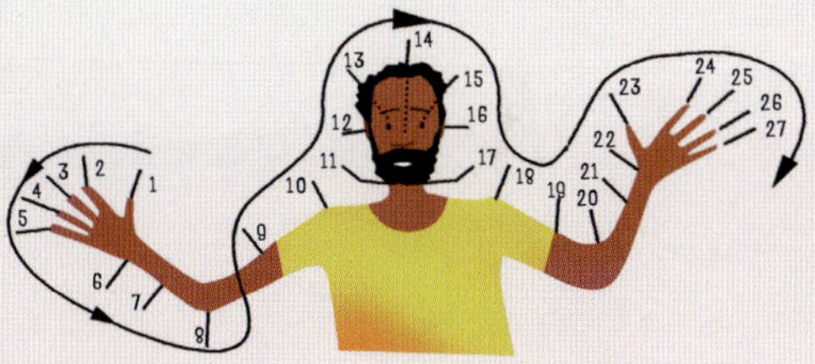

Die **OKSAPIM** auf Papua-Neuguinea benutzen ihren Oberkörper zum Zählen! Mit den Fingern zählen sie bis 5, dann geht es weiter mit den Handgelenken, Ellbogen, Schultern und dem Gesicht. Zahlen sind nach Körperteilen benannt. Wenn man beim Zählen bei der 14 ankommt („aruma" = Nase), geht es in umgekehrter Reihenfolge auf der anderen Seite des Körpers weiter, mit dem Zusatz „tan" („auf der anderen Seite").

In der Papuasprache **BUKIYIP** gibt es zwei verschiedene Zählsysteme. Welches System benutzt wird, hängt davon ab, was gezählt werden soll. Fische, Kokosnüsse und Tage werden anders gezählt als Betelnüsse, Bananen und Monate.

BOTSCHAFTEN AUS ANDEREN WELTEN

Es gibt eine Welt, in der 18 + 2 = 10 ist, und woanders gilt 1 + 1 = 10. Wie ist das möglich?

AUF DIE BASIS KOMMT ES AN

Unser Zahlensystem baut auf der Grundzahl 10 auf. Deswegen heißt es auch Zehner- oder Dezimalsystem. Aber was wäre, wenn wir eine andere Basis verwenden würden?

BASIS 10

Jedes Zahlensystem beginnt mit der Zahl 1. Mit der **Grundzahl 10** benutzen wir die Einerstelle **neun Mal**, bevor wir zur nächsten Stelle gehen: der Zehnerstelle. Dann benutzen wir die Zehnerstelle **neun Mal**, bevor wir zu den Hundertern (zehn Zehner) übergehen. Und so weiter …

BASIS 10 BEDEUTET …

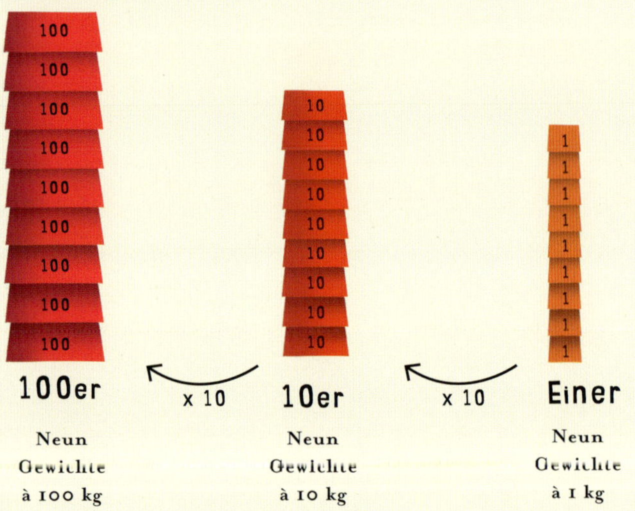

Dieser Bär wiegt 159 Kilogramm, gewogen mit Basis-10-Gewichten.

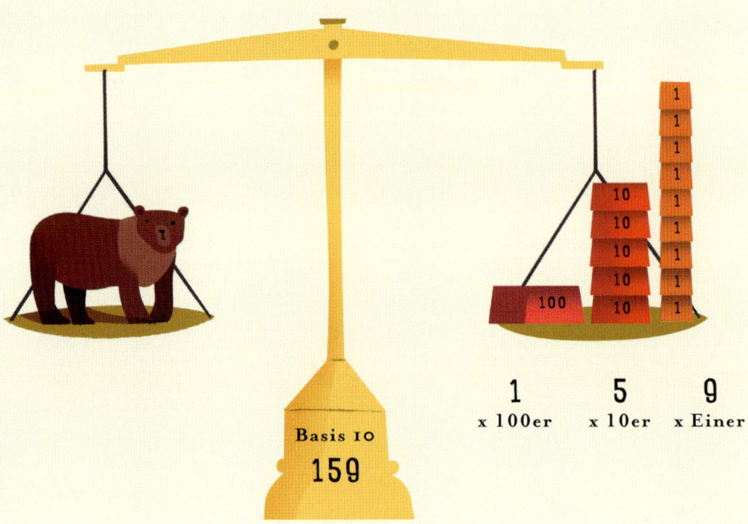

BASIS 6

Mit der **6 als Grundzahl** wird die Einerstelle **fünf Mal** benutzt, bevor man zur nächsten Stelle geht – in diesem System ist das die Sechserstelle. Diese wird wieder **fünf Mal** benutzt, dann folgt der Übergang zu den 36ern (sechs Sechser).

BASIS 6 BEDEUTET …

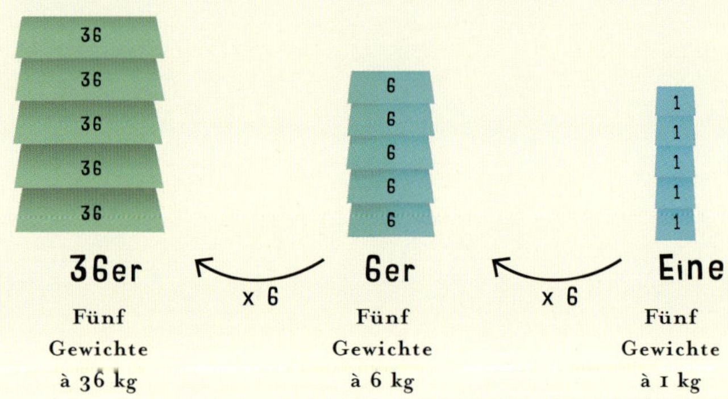

Wird der Bär mit Basis-6-Gewichten gewogen, würde die Waage die Zahl 423 anzeigen!

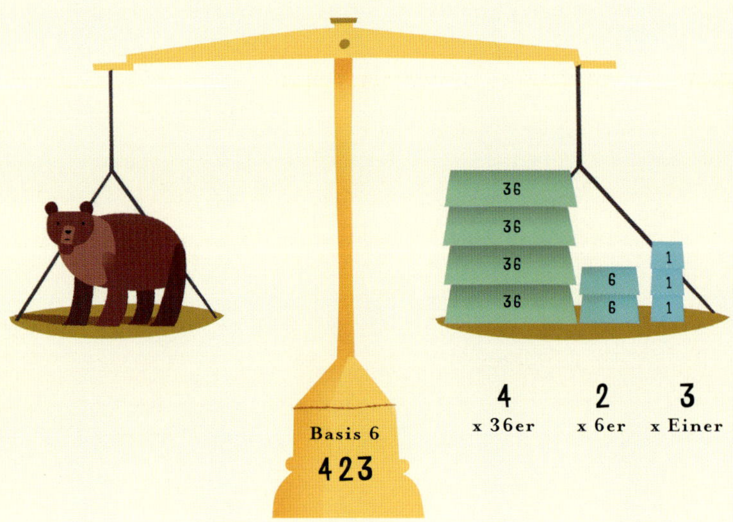

IM ALTEN BABYLON

Die 10 als Basis für ein Zahlensystem erscheint uns naheliegend, aber vor Tausenden von Jahren zählten die Menschen anders. Die alten Babylonier verwendeten die **60 als Basis**. Sie zählten bis 59 und wechselten dann zur 60er-Stelle. Basis 10 hätten sie genauso merkwürdig gefunden, wie ihre Zählweise heute auf uns wirkt.

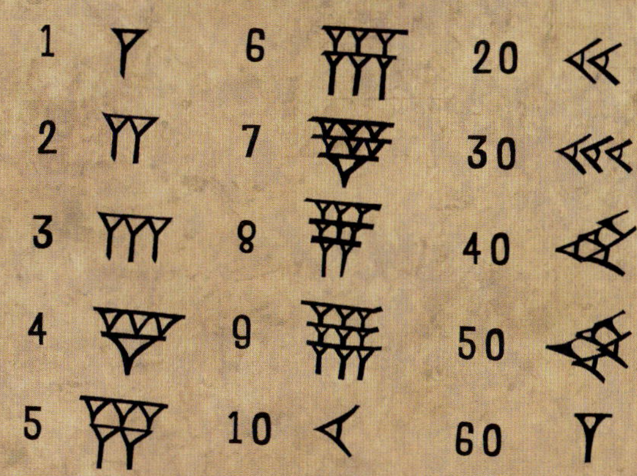

Das babylonische Zahlensystem hatte einen großen Nachteil: Lange Zeit gab es kein Symbol für eine Stelle, die ohne Inhalt war. Wir benutzen dafür die Zahl Null, also 0 – so können wir den Unterschied zwischen 1 und 10 erkennen. Die Babylonier hatten aber kein Zeichen für „nichts". Sie schrieben 60 genauso wie 1. Sehr verwirrend!

HEUTIGE WELT

Auch in der heutigen Welt rechnen nicht alle mit Basis 10.

ZEIT

Eine Minute hat 60 Sekunden, eine Stunde 60 Minuten, das ist **Basis 60!** Dass unsere Zeitmessung auf diese Weise unterteilt wird, geht auf das alte Babylon zurück!

PFUND & UNZE

16 Unzen sind ein englisches Pfund **(Basis 16)**.

In den USA, in Kanada und Großbritannien wird die Körpergröße in **„feet" (Fuß)** und **„inch" (Zoll)** gemessen (Basis 12).

BINÄRSYSTEM

Ohne das Zweiersystem gäbe es keine Computer. Im Dual- oder Binärsystem **(Basis 2)** gibt es nur zwei Ziffern: 0 und 1. Daher können in Binärzahlen geschriebene Informationen in einer Reihe von Befehlen gespeichert werden, die Schalter an- oder ausschalten. Die ersten Computer waren riesige Kästen aus Drähten und Schaltern! Heute sind diese Schalter winzig klein und heißen Transistoren.

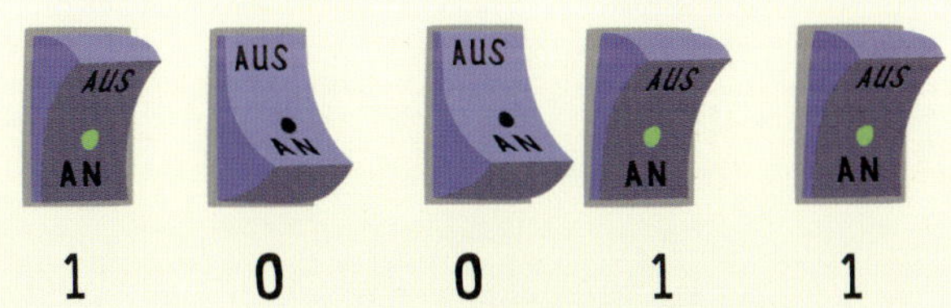

ZÄHLEN

Nicht alle zählen mit Basis 10. Die westafrikanische Sprache Yoruba verwendet die **20 als Basis**.

DIE WELT DER ALIENS

Wie zählen Aliens? Unser Zehnersystem hat vermutlich damit zu tun, dass wir 10 Finger haben. Ein Alien mit einer anderen Anzahl an Fingern oder Armen würde wahrscheinlich ein anderes Zahlensystem benutzen!

SEHR GROSSE ZAHLEN

Was ist größer als das Universum? Die Mathematik! Mit ihrer Unterstützung kommst du GANZ GROSS raus!

POTENTE POTENZEN

Potenzen sind eine praktische Sache! Mit ihnen können wir sehr große Zahlen schreiben, ohne dafür viel Platz zu brauchen.

ZEHN HOCH SECHS

DIE KLEINE, HOCHGESTELLTE ZAHL (DER EXPONENT) GIBT AN, WIE OFT DIE GROSSE ZAHL MIT SICH SELBST MULTIPLIZIERT WIRD.

DIE GROSSE ZAHL (DIE BASIS) IST DIE ZAHL, DIE MIT SICH SELBST MULTIPLIZIERT WIRD.

$$10^6 = 10 \cdot 10 \cdot 10 \cdot 10 \cdot 10 \cdot 10 = 1.000.000$$

IMMER GRÖSSER UND GRÖSSER

Schauen wir uns ein paar sehr große Zahlen an!

10^2 = einhundert (100)

Bis Hundert zu zählen, dauert ungefähr 25 Sekunden. Probiere es aus!

10^6 = eine Million (1.000.000)

2007 benötigte Jeremy Harper 89 Tage, um laut von 1 bis 1 Million zu zählen.

10^9 = eine Milliarde (1.000.000.000).

Ein Mensch würde ungefähr 100 Jahre benötigen, um laut bis zu einer Milliarde zu zählen!

10^{12} = eine Billion (1.000.000.000.000).

Hätte ein Steinzeitmensch vor 100.000 Jahren angefangen, bis 1 Billion zu zählen, wäre er erst jetzt fertig geworden.

GIGANTISCH!

Diese Skala verdeutlicht die Größe verschiedener Objekte mithilfe von Potenzen, von einem etwa vierjährigen Kind bis zum beobachtbaren Universum. (Auf der nächsten Doppelseite siehst du eine Skala der kleinsten Dinge!)

zwischen 10^6 und 10^7 = Erde

10^0 = Kind

10^4 = Mount Everest

10^9 = Sonne

10^{12} = Sonnensystem (von Sonne bis Neptun)

10^0 = 1 Meter

10^3 Kilometer

10^6 Megameter

10^9 Gigameter

10^{12} Terameter

10.000.000.000.000.000.000.000.000.000.000.000.000.000.000.000.000.000.000.000.000.000.000.000.000.000.000.000.000.000.000.000.000.000

10^{100} = ein Googol (eine 1 mit 100 Nullen)

Der Name für die Zahl Googol wurde von einem neunjährigen Jungen erfunden. Ein Googol existiert nur in den Köpfen von Mathematiker*innen – noch nicht einmal im gesamten Universum gibt es ein Googol Partikel!

10^{GOOGOL} = ein Googolplex (eine 1 mit 1 Googol Nullen)

Wäre das Universum 1 Googolplex Meter breit, könntest du es nicht durchqueren, ohne Abbilder deiner Selbst zu sehen. Das liegt daran, dass es weniger als 1 Googolplex verschiedene Möglichkeiten gibt, die gesamte Materie anzuordnen, aus der du bestehst.

10^{24} = eine Quadrillion (in den USA sagen sie dazu Septillion!)

Die Anzahl der Sterne im Universum wird auf 1 Quadrillion geschätzt.

∞ = Unendlichkeit. Das müsste eigentlich die allergrößte Zahl sein, oder?

Falsch! Es gibt unterschiedlich große Unendlichkeiten, sagt die Mathematik.

N_0 = ALEPH-NULL

Dies ist die kleinste Unendlichkeit. Du erhältst sie, indem du immer eins hinzuzählst. Unendliche Mengen der Größe aleph-Null nennt man auch „abzählbar".

KONTINUUM

Diese Unendlichkeit enthält alle Zahlen, inklusive Brüche, Dezimalzahlen und irrationale Zahlen wie Pi. Sie ist größer als aleph-Null, nicht zählbar und wird „überabzählbar" genannt.

Gibt es eine größtmögliche Unendlichkeit? Das weiß niemand so genau.

10^{16} = Lichtjahr

10^{21} = Milchstraße

10^{27} = beobachtbares Universum

10^{15} Petameter

10^{18} Exameter

10^{21} Zettameter

10^{24} Yottameter

10^{27}

SEHR KLEINE ZAHLEN

Was ist kleiner als 1, aber größer als 0? So vieles! Mathematik hilft, all das sichtbar zu machen.

NEGATIVE POTENZEN

Potenzen können sowohl negativ als auch positiv sein. Mit negativen Potenzen kann man sehr kleine Zahlen einfacher schreiben.

ZEHN HOCH MINUS SECHS

DAS MINUSZEICHEN SAGT AUS, DASS NICHT DIE 10 MULTIPLIZIERT WIRD, SONDERN 0,1 BZW. EIN ZEHNTEL.

$$10^{-6} = 0{,}1^{6} = 0{,}1 \times 0{,}1 \times 0{,}1 \times 0{,}1 \times 0{,}1 \times 0{,}1 = 0{,}000001$$

WAS IST MIT EXPONENT 0?

$10^{0} = 1$

Eine Zahl hoch 0 ist immer gleich 1!

IMMER KLEINER UND KLEINER

Schauen wir uns ein paar sehr kleine Zahlen an:

10^{-1} = ein Zehntel (0,1)

Etwa ein Zehntel der Weltbevölkerung lebt in Europa.

10^{-2} = ein Hundertstel (0,01)

Wenn du dieses Buch seit 15 Minuten liest, dann hast du ein Hundertstel des Tages damit verbracht, es zu lesen.

10^{-3} = ein Tausendstel (0,001)

Der kleinste Vogel der Welt, ein Kolibri namens Bienenelfe, wiegt mit seinen 2 g nur etwa ein Tausendstel von einem kleinen Huhn.

AUF SCHRUMPFKURS

Diese Skala gibt die Größe der Objekte in Meter an. Als Ausgangspunkt dient die Größe eines etwa vierjährigen Kindes.

10^{0} = Kind

10^{-2} = Wimper

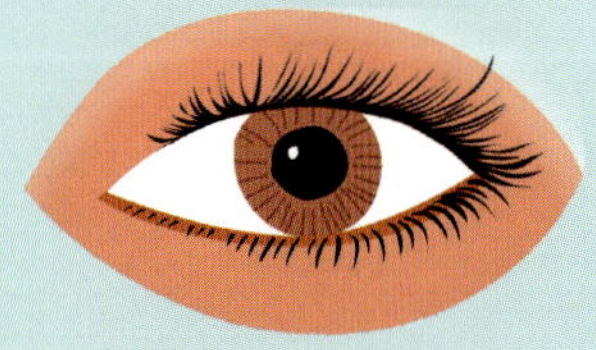

10^{-5} = rotes Blutkörperchen

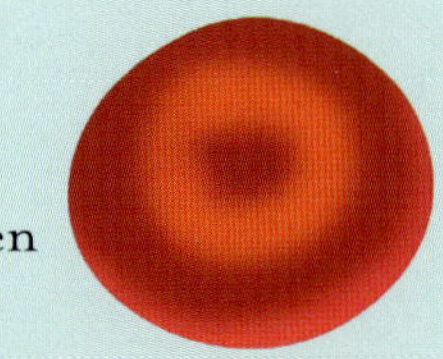

10^{0} = 1 Meter

10^{-3} Millimeter

10^{-6} Mikrometer

10^{-11} =
0,00000000001

Das stärkste Mikroskop der Welt kann Dinge abbilden, die nur halb so groß sind wie ein Wasserstoffatom, das ist nur wenig mehr als ein Hundertmilliardstel Meter.

10^{-16} =
0,0000000000000001

Die Chance, mit zwei Würfeln zehn Mal nacheinander zwei Einser zu würfeln, liegt ungefähr bei einem Zehnbilliardstel.

10^{-100} =
Ein Googolstel

Ja, das ist eine Zahl!

10^{-9} =
Ein Milliardstel
(0,000000001)

Dein Leben dauert nur wenige Milliardstel von den 4.600.000.000 Jahren seit Entstehung der Erde.

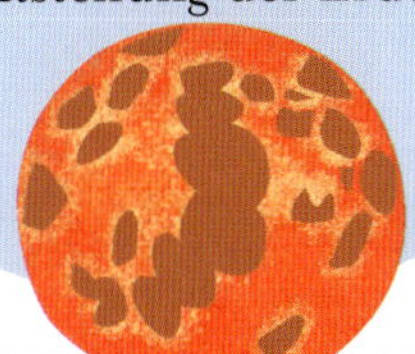

$10^{-183800}$

Diese Zahl gibt die Wahrscheinlichkeit an, dass ein Affe, der vor eine Tastatur gesetzt wurde, beim ersten Versuch William Shakespeares „Hamlet“ fehlerfrei niederschreibt. Die Zahl ist unvorstellbar klein, aber liegt immerhin über 0!

SEHR KLEIN – ODER NICHT VORHANDEN?

Was ist kleiner, 0 oder 0,1? Natürlich ist 0 kleiner. Ein Zehntel (0,1) von einem Kuchen ist besser als gar kein Kuchen! Aber jetzt frage dich: Was ist kleiner, 0 oder 0,000...(unendlich viele Nullen)...1?

Fangfrage! Sie sind gleich groß! Man könnte denken, dass 0,000...1 ein winziges bisschen größer als 0 ist, weil eine 1 nach den unendlich vielen Nullen steht. Aber in Wirklichkeit ist die Differenz zwischen 0 und 0,000...1 nicht vorhanden.

Denk nochmal darüber nach: Würdest du versuchen, die Zahl 0,000...1 mit allen Nullen aufzuschreiben, würdest du niemals bei der 1 ankommen! Die 1 ist also gar nicht wirklich da.

KLEINE ZAHLEN, GROSSE WIRKUNG

Winzige Dinge können RIESIGE Folgen haben:

Als 1990 das Hubble-Weltraumteleskop auf seiner Umlaufbahn ausgesetzt wurde, stellte sich heraus, dass es nur unscharfe Bilder zur Erde schickte. Der Grund: Der Rand des Hauptspiegels war 2 Mikrometer (Tausendstel Millimeter) zu dünn! Es kostete über 1 Milliarde Euro, diesen winzigen Fehler zu beheben.

zwischen
0^{-9} und 10^{-10}
= Atom

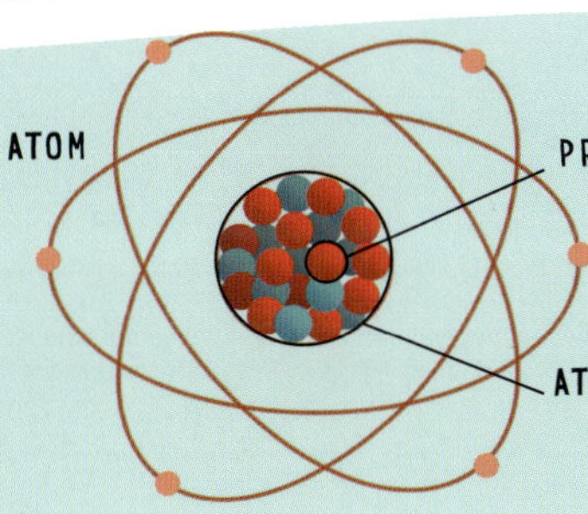

10^{-14}
= Atomkern

10^{-15}
= Proton

10^{-16}
= Quark (das kleinste uns bekannte Teilchen ist mindestens so klein)

10^{-9}
anometer

10^{-12}
Pikometer

10^{-15}
Femtometer

10^{-18}
Attometer

Symmetrie in der Natur

Es gibt verschiedene Arten von Symmetrie. Die folgenden sind überall in der Natur zu finden.

SPIEGELUNG

Spiegel- oder Achsensymmetrie ist, a würdest du einen Spiegel in die Mitte eines Objektes stellen (entlang der Spiegel- oder Symmetrieachse): Die eine Seite ist das Spiegelbild der anderen und umgekehrt.

Fallen dir Tiere ein, deren rechte und linke Seite nicht spiegelgleich sind? Wahrscheinlich nicht. Warum ist das so?

ROTATION

Wenn du ein Objekt um seinen zentralen Punkt (den Drehpunkt) drehen kannst und es danach unverändert aussieht, dann ist es dreh- oder rotationssymmetrisch.

In der Natur ist Rotationssymmetrie weit verbreitet ...

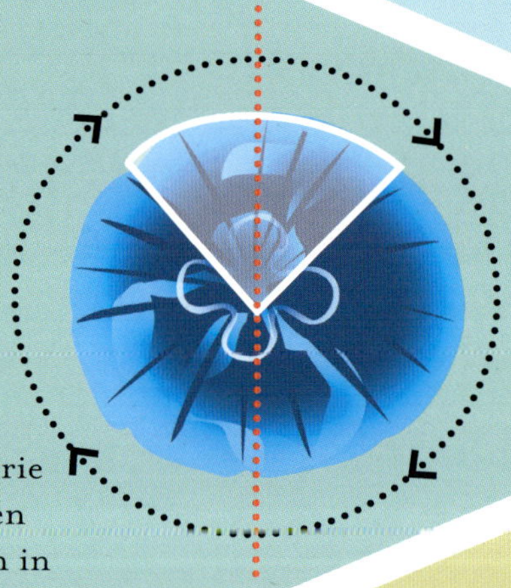

IM MEER

Die meisten Tiere mit Rotationssymmetrie leben im Wasser. Seesterne und Quallen können mit ihren Armen bzw. Tentakeln in allen Richtungen nach Nahrung greifen – ihre Mundöffnung befindet sich direkt in der Körpermitte!

... und manches ist sogar spiegel- und drehsymmetrisch!

SELBSTÄHNLICHKEIT

Man spricht von Selbstähnlichkeit, wenn bei einem Gegenstand dieselbe Struktur bis ins Kleinste immer wieder in exakt gleicher Form zu finden ist.

FRAKTALE

Die in fraktalen Strukturen vorhandene Symmetrie beruht auf Selbstähnlichkeit. Eigentlich sind wir von Fraktalen umgeben, bemerken sie aber oft nicht. In Fraktalen wiederholt sich derselbe Prozess immer und immer wieder, aber im jeweils größeren oder kleineren Maßstab. Dieses Prinzip findet sich überall in der Natur.

Die Äste von Bäumen verzweigen sich immer aufs Neue.

Die Art, wie sich Flussläufe verzweigen, weist ebenfalls ein hohes Maß an Selbstähnlichkeit au

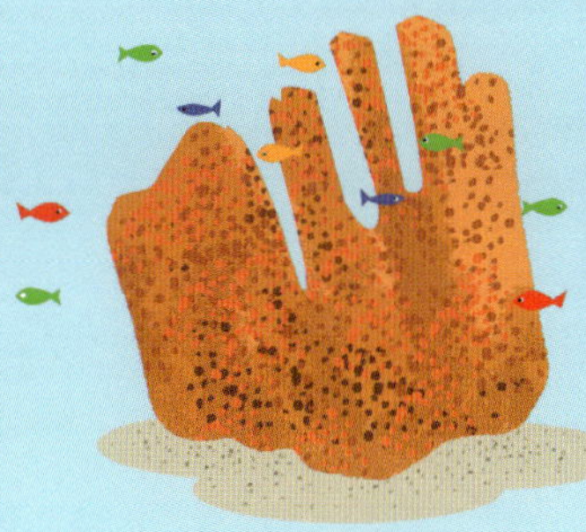

NULL SYMMETRISCH!

Schwämme sind die einzigen Tiere mit asymmetrischen Körpern, sie weisen also überhaupt keine Symmetrie auf.

ATTRAKTIVITÄT

Manche Tiere finden Symmetrie äußerst anziehend. Schwalben und Pfauen mit den symmetrischsten Schwänzen haben bei der Partnersuche die besten Chancen.

FORTBEWEGUNG

Die Wissenschaft geht davon aus, dass spiegelsymmetrische Körper die Fortbewegung erleichtern. Stell dir vor, wie schwer den Vögeln das Fliegen mit nur einem oder zwei verschieden großen Flügeln fiele!

VERSCHIEBUNG

Bei einem Muster spricht man von Translationssymmetrie, wenn die Elemente, aus denen das Muster besteht, innerhalb des Musters parallel verschoben werden können, ohne es zu verändern. Wenn du ein Hüpfspiel wie Himmel und Hölle spielst und von einem Quadrat zum nächsten hüpfst, erlebst du Translationssymmetrie in Aktion.

Die Schuppen von Fischen und Schlangen sind translationssymmetrisch.

SÜSSE SECHSECKE

Warum bauen Bienen ihre Waben sechseckig und translationssymmetrisch? Weil diese Methode für sie am besten funktioniert! Dadurch, dass immer dieselbe Form verwendet wird, können viele Bienen gleichzeitig in und an ihrem Bienenstock arbeiten. Sechseckige Formen sind hierfür optimal: Sie fügen sich perfekt aneinander und bieten im Innern viel Platz für Honig.

Viele Farne haben mehrfach gefiederte Wedel.

FRAKTALE SIND ÜBERALL!

MATHE IM GARTEN

Du brauchst bloß in euren Garten schauen, um Beispiele für Mathematik in der Natur zu finden. Mathematik hilft, die Natur zu erforschen und besser zu verstehen.

ERBSENZÄHLER **Werden die Erbsenpflanzen in eurem Garten runde oder eckige Erbsen hervorbringen? Klingt wie eine Biologiefrage und ist auch eine, aber eine Mathefrage ist es auch! Mithilfe der Wahrscheinlichkeitstheorie finden wir heraus, wie die Chancen stehen.**

Welche Form die Erbsen haben, bestimmen ihre Gene – die Bauanleitung von allem, was lebt und wächst. Zwei Gene der Erbsenpflanzen legen fest, ob die Früchte rund oder eckig sind.

Trägt mindestens eines dieser Gene die Eigenschaft „rund", dann werden die Erbsen rund.

Sagen jedoch beide Gene „eckige Erbse", dann werden die Früchte eckig.

In der Biologie bezeichnet man das Gen für „eckig" als rezessiv, das für „rund" als dominant.

Die Erbsenpflanze erbt ihre Gene je zur Hälfte von ihren Eltern. Nehmen wir an, die Eltern deiner Erbsenpflanze hätten je ein Gen für runde und ein Gen für eckige Erbsen. Wie groß ist die Wahrscheinlichkeit, dass deine Pflanze eckige Erbsen produziert? Bei der Beantwortung dieser Frage hilft eine kleine Tabelle.

Antwort: 25 % deiner Pflanzen werden eckige Erbsen hervorbringen.

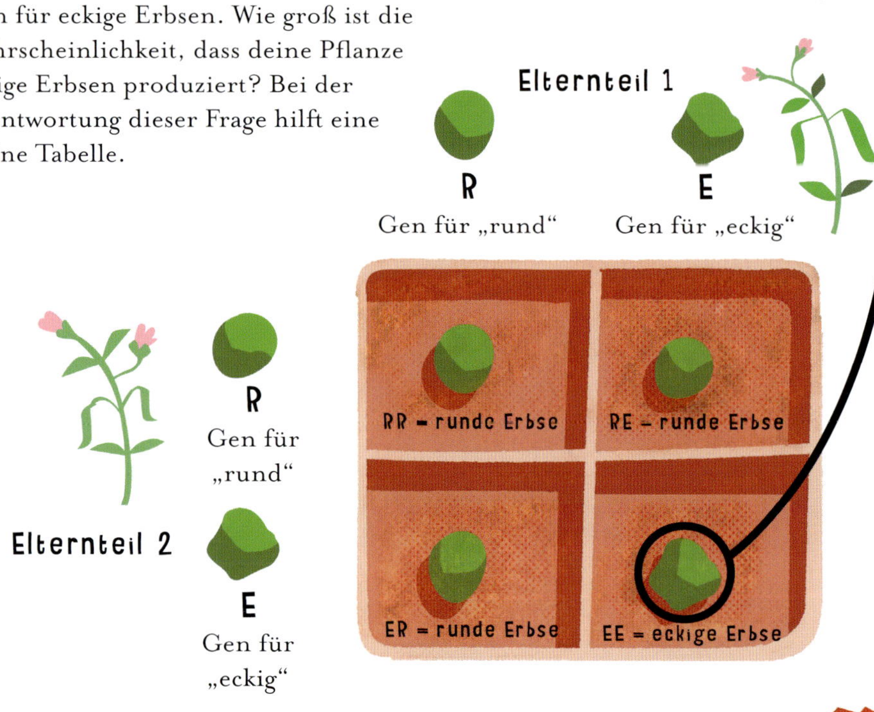

ALARMSTUFE ROT!

Anfang der 2000er-Jahre machte das Gerücht die Runde, im Jahr 2060 werde es keine rothaarigen Menschen mehr auf der Erde geben. Als Grund wurde angeführt, dass das Gen für rotes Haar rezessiv ist, sodass zwangsläufig immer weniger Menschen mit roten Haaren zur Welt kämen. Glücklicherweise sagen uns aber die Gesetze der Wahrscheinlichkeit, dass – solange es Rothaarige gibt – es auch rothaarige Babys geben wird!

FIBONACCI ÜBERALL Was haben Fichtenzapfen, Romanesco und Sonnenblumen gemeinsam? In ihrem spiraligen Aufbau wiederholt sich ein bestimmtes Zahlenmuster: die Fibonacci-Folge!

FICHTENZAPFEN (13 SPIRALEN)

1, 1, 2, 3, 5, 8, 13, 21, 34, 55, 89, 144, 233 …

1+1=2

DIE SUMME DER BEIDEN VORHERGEHENDEN ZAHLEN ERGIBT DIE NACHFOLGENDE ZAHL.

Die Fibonacci-Folge taucht an überraschenden Orten auf. Die Anzahl der Spiralen in einem Fichtenzapfen, im Zentrum der Sonnenblumenblüte oder beim Romanesco – es sind immer Fibonacci-Zahlen.

SONNENBLUME (21 SPIRALEN)

FLIEGENPLAGE! Oh je! Fruchtfliegen überall! Alles hat mit nur zwei Fliegen angefangen. Aber die Population vervierfacht sich jeden Tag! Wie viele Fruchtfliegen werden es nach einer Woche sein?

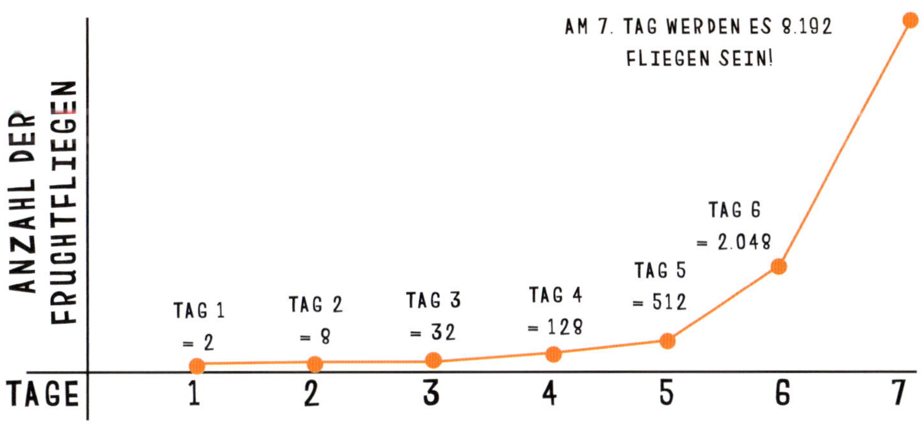

ROMANESCO (13 SPIRALEN)

Wenn eine Population sich regelmäßig verdoppelt, verdreifacht oder – wie bei diesen Fruchtfliegen – vervierfacht, spricht man von *exponentiellem* Wachstum. Wenn immer genügend Nahrung und Wasser vorhanden wären und es keine Fressfeinde gäbe, würden sich alle Lebewesen exponentiell vermehren.

Könnten sie sich ungestört entwickeln, wären es nach zwei Wochen bereits 134 Millionen Fruchtfliegen, und nach einer weiteren Woche unvorstellbare **ZWEI BILLIONEN!**

Tierische Arithmetik

Nicht nur der Mensch kann rechnen. Ein paar Tiere können das auch, sogar winzige Insekten mit stecknadelgroßen Köpfen! Zählen zu können ist eine sehr nützliche Lebenskompetenz, die Tieren in freier Wildbahn beim Überleben hilft.

SCHIMPANSEN

Ende der 1980er-Jahre zeigte die Forschung, dass Schimpansen einfache mathematische Fähigkeiten besitzen. Im Experiment sollten die Tiere zwischen zwei Schüsselpaaren wählen. Jede Schüssel enthielt eine andere Anzahl von Schokostücken, maximal fünf. Den Schimpansen gelang es zu erfassen, wie viel Schokolade in den beiden Schüsselpaaren war, die Mengen zu vergleichen und die beiden Schüsseln mit der meisten Schokolade auszuwählen. Sie lagen in 90 % der Fälle richtig.

ELRITZEN

Erkennst du auf den ersten Blick, welcher dieser Fischschwärme der größere ist? Wenn ja, dann kannst du genauso gut zählen wie eine Amerikanische Dickkopfelritze. Es ist wissenschaftlich erwiesen, dass sie auf Anhieb erkennt, dass ein Schwarm mit 23 Elritzen größer ist als einer mit 18. Große Schwärme sind attraktiver, da sie mehr Schutz vor Fressfeinden bieten.

SPINNEN

Radnetzspinnen wissen, wie viele Beutetiere sich in ihrem Netz befinden. Als man 2014 in einem Experiment einige der Beutetiere entfernte, begannen die Spinnen, nach der fehlenden Nahrung zu suchen. Je mehr Beutestücke verschwanden, desto länger suchten die Spinnen.

KRÄHEN

2015 brachten Wissenschaftler*innen Krähen bei, Anzahlen miteinander zu vergleichen. Sie zeigten den Vögeln ein Bild auf einem Bildschirm, auf dem eine bestimmte Anzahl von Punkten willkürlich verteilt war. Danach zeigte man ihnen ein anderes Bild. Wenn darauf die gleiche Anzahl an (anders angeordneten) Punkten zu sehen war, sollte die Krähe mit dem Schnabel auf das Bild tippen und erhielt eine Belohnung. Die Krähen lagen durchschnittlich in 75 % der Fälle richtig, damit war bewiesen: Sie können zählen.

KATZEN

Können Katzen zählen? Katzenmütter suchen nach fehlenden Kätzchen. Das könnte daran liegen, dass sie den Geruch oder die Geräusche ihres Kätzchens vermisst, aber die Wissenschaft hält es für möglich, dass die Katze die Anzahl ihrer Jungen kennt und merkt, wenn eines fehlt.

FRÖSCHE

Frösche erkennen ihre Artgenossen am Quaken. Die Weibchen zählen mit, wie oft ein Männchen quakt, und entscheiden sich für das mit der größten Ausdauer.

BIENEN

Bienen können addieren und subtrahieren. Forscher*innen bauten für einen Bienenschwarm einen y-förmigen Bienenstock mit farblichen Markierungen. Die Bienen mussten einfache mathematische Probleme lösen, um den richtigen Weg durch ihren Bau hindurch zu finden: Ein gelbes Symbol bedeutete „minus eins“, blau bedeutete „plus eins“. Richtige Antworten wurden mit Zuckerwasser belohnt. Nach viel Üben lösten die Bienen die Aufgaben zu 80 % richtig. Wahrscheinlich nutzen die Bienen diese Fähigkeit, um sich außerhalb des Bienenstocks zu orientieren. Sie erkennen und finden ertragreiche Futterquellen wieder, indem sie Blütenblätter oder Landmarken zählen.

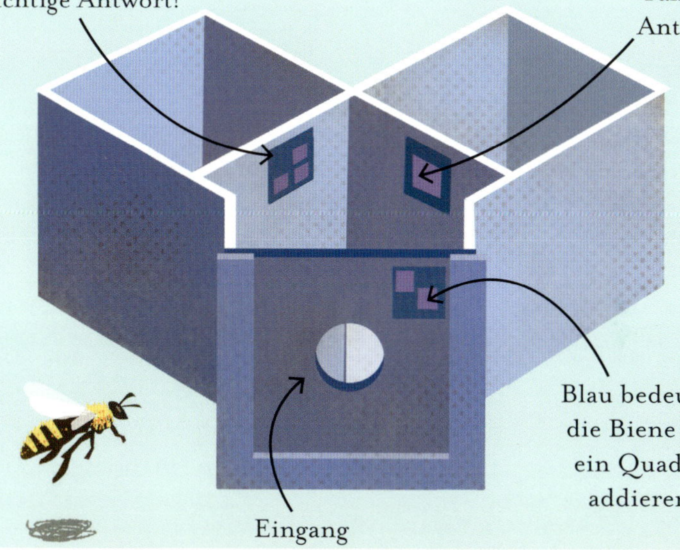

NICHT NUR TIERE ...

sondern auch Pflanzen können zählen! Die Venus-Fliegenfalle ist eine fleischfressende Pflanze. Sobald sich ein Insekt auf einem ihrer Fangblätter niederlässt, klappt dieses zu und schließt das Insekt ein. Forscher*innen fanden heraus, dass die Falle erst dann zuschnappt, wenn das Beutetier das Blatt innerhalb von 30 Sekunden zweimal berührt. So verschwendet die Pflanze keine Energie auf Fehlalarme.

DER „KLUGE HANS“

Anfang des 20. Jahrhunderts erregte das Berliner Pferd Hans weltweites Aufsehen. Ein Mathematiklehrer demonstrierte die Fähigkeit des Tieres, komplizierte Rechenaufgaben zu lösen und durch Klopfen mit einem Huf zu beantworten. Später fand man heraus, dass der Kluge Hans im Grunde nur die – nicht bewusst gesteuerte – Körpersprache seines Trainers zu lesen vermochte: Das Pferd merkte, wann es aufhören sollte, mit dem Fuß aufzustampfen. So war Hans zwar kein Mathegenie, legte aber eine beeindruckende Beobachtungsfähigkeit an den Tag – und hat somit seinen Namen allemal verdient!

Mathe & Kunst

Proportion, Perspektive, Muster … überall in der Kunst findet sich Mathematik.

ZEICHNEN LERNEN MIT MATHEMATIK! Wenn du dein künstlerisches Talent ausbauen und lernen willst, wie man das „ideale" Gesicht zeichnet, solltest du dich mit den Proportionen beschäftigen, also den (Größen-)Verhältnissen der Teile zueinander und zum Ganzen.

Wenn du ein realistisches Gesicht zeichnen willst, gelten die folgenden mathematischen Regeln – unabhängig davon, wie groß oder klein das Gesicht ist.

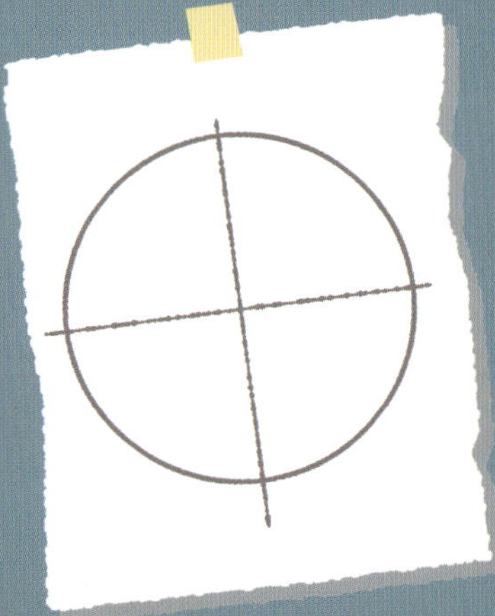

1. Zeichne einen Kreis und durch den Mittelpunkt zwei Linien, die im rechten Winkel zueinander stehen.

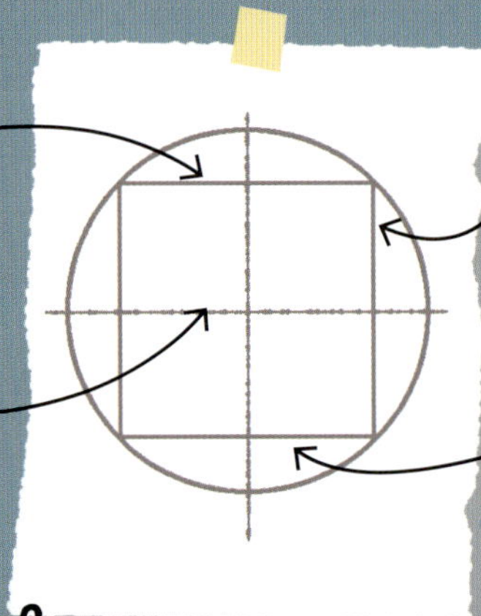

2. Zeichne ein Quadrat, dessen Eckpunkte auf der Kreislinie liegen.

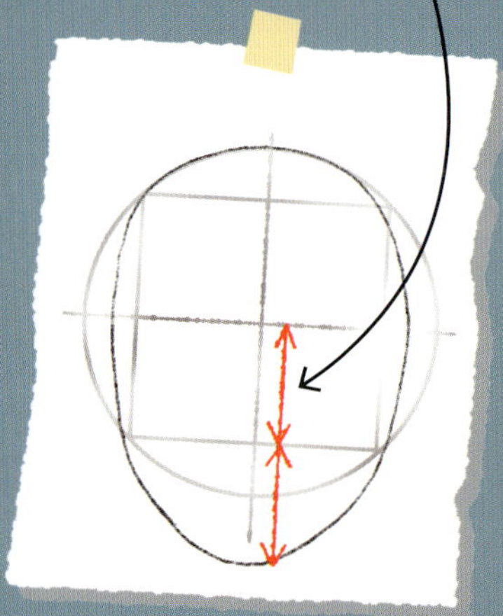

3. Zeichne das Kinn.

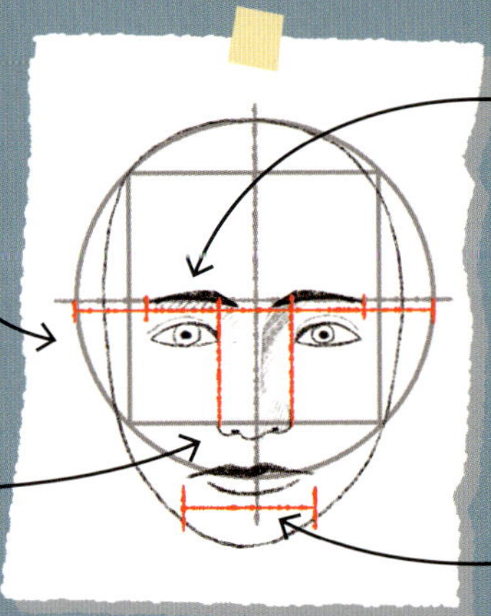

4. Zeichne Augenbrauen, Augen, Nase und Mund.

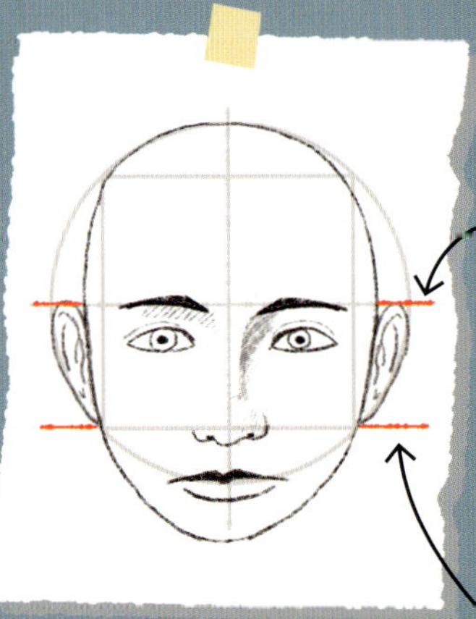

5. Zeichne die Ohren ein.

6. Ergänze die Feinheiten.

Künstler*innen arbeiten seit Jahrtausenden mit mathematischen Gesetzmäßigkeiten.

400 V. CHR.
Der griechische Bildhauer Polyklet beschreibt die ideale Darstellung von menschlichen Proportionen und schafft dank der Mathematik wunderschöne Skulpturen aus Marmor, Gold und Elfenbein.

1238
Im spanischen Granada veranlasst der muslimische Herrscher den Bau der Alhambra. Sie wird, wie andere Paläste und Moscheen, mit wunderschönen islamischen Mosaiken ausgestattet.

GANZ NAH, GANZ WEIT WEG

Schau dir das Bild rechts an. Welche der beiden Personen ist größer?

Keine von beiden! Sie sind gleich groß, aber durch einen Trick, ein geometrisches System namens Perspektive, sieht es so aus, als sei die Person links größer.

Dank der perspektivischen Darstellung wirkt eine flache, zweidimensionale Zeichnung, als hätte sie eine dreidimensionale Tiefe. Diese Illusion entsteht durch Linien, die aufeinander zulaufen. Der Punkt, in dem sie sich treffen, heißt Fluchtpunkt.

MUSTER Wenn es darum geht, Muster zu kreieren, kommt man an Mathematik nicht vorbei: Künstler*innen auf der ganzen Welt arbeiten mit dekorativen grafischen Strukturen.

ISLAMISCHE MOSAIKE

Mosaike sind Muster oder Bilder, die durch das Zusammenfügen vieler einzelner Teile entstehen, ähnlich wie bei einem Puzzle. Die islamische Kunst des Mittelalters hat wunderschöne Mosaike hervorgebracht.

JAVANISCHE BATIK

Auf der indonesischen Insel Java werden Stoffe mithilfe von Batik gestaltet. Mit heißem flüssigen Wachs werden Muster mit Stempeln aufgedruckt. Dort nimmt der Stoff beim folgenden Färbevorgang keine Farbe an.

15. JAHRHUNDERT
Der italienische Architekt Filippo Brunelleschi ntdeckt die Zeichentechnik der Zentralperspektive.

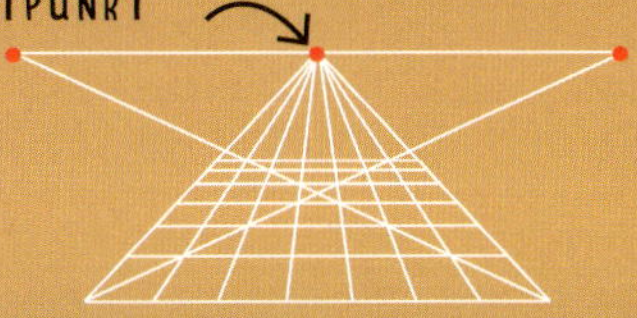

1907
Der Kunststil Kubismus entsteht. Künstler wie Pablo Picasso und Georges Braque stellen Alltägliches mit abstrakten Formen dar.

1930ER–1960ER-JAHRE
M.C. Escher teilt Flächen zyklisch mit ungleichförmigen Figuren auf – Mathematik pur!

Mathe & Architektur

Wie werden Wolkenkratzer entworfen? Wie wird sichergestellt, dass ein Gebäude nicht einstürzt? In Architektur und Ingenieurwesen geht nichts ohne Mathematik!

BELASTBARE ZAHLEN

Welche Last muss diese Säule oder Wand tragen? Dies gehört zu den wichtigsten Berechnungen, die Bauingenieur*innen anstellen müssen. Die Tragfähigkeit eines Bauteils gibt an, mit wie viel Gewicht es maximal belastet werden kann.

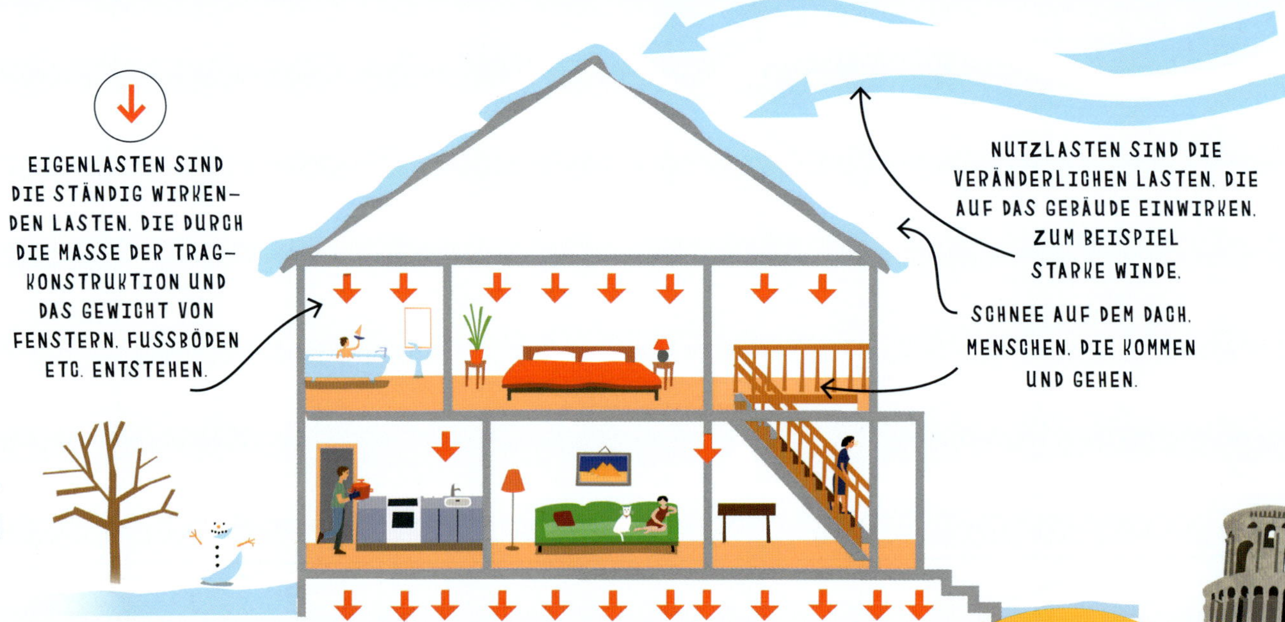

DER SCHIEFE TURM VON PISA IN ITALIEN IST DESWEGEN SO SCHIEF, WEIL JEMAND IN MATHE NICHT AUFGEPASST UND DIE EIGENLAST DES TURMES FALSCH BERECHNET HAT: DER UNTERGRUND HAT UNTER DEM GEWICHT NACHGEGEBEN.

VERBLÜFFEND ANDERS Architektur besteht nicht nur aus Rechtecken und Quadraten. Einige weltberühmte Bauwerke zeichnen sich durch interessante mathematische Formen aus.

GEBLÄHTE SEGEL

Die haubenartigen Schalen der Dachkonstruktion der Oper in Sydney stellten die Architekten vor große Herausforderungen. Sie brauchten vier Jahre, um eine Lösung zu finden. Die Dächer haben alle dieselbe Krümmung, als hätte man sie aus derselben Kugel herausgeschnitten.

MAGISCHER BOGEN

Die u-förmige Kurve, die eine an den Enden aufgehängte Kette beschreibt, nennt man Kettenlinie. Stellt man diese auf den Kopf, hat man eine „umgekehrte Kettenlinie" – und den stabilsten Tragebogen überhaupt. Der Gateway Arch in St. Louis in Missouri (USA) ist ein bekanntes Beispiel.

SCHLANKHEITSWAHN

Der Schlankheitsgrad eines Gebäudes gibt das Verhältnis zwischen Höhe und Seitenlänge an. Je schlanker ein Gebäude ist, desto stärker biegt es sich im Wind.

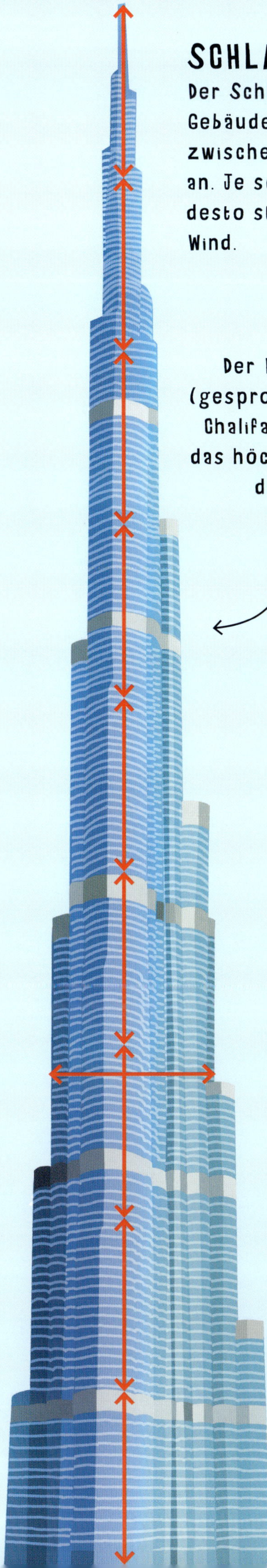

Der Burj Khalifa (gesprochen Burdsch Chalifa) in Dubai ist das höchste Gebäude der Welt.

9:1

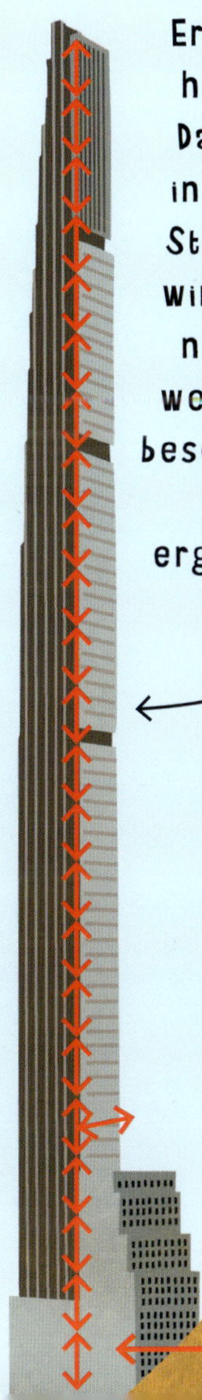

Steinway Tower, New York City

23:1

Dieser Super-Wolkenkratzer zählt zu den schmalsten Gebäuden der Welt. Er ist 23 mal so hoch wie breit. Damit die Leute in den obersten Stockwerken bei windigem Wetter nicht seekrank werden, mussten besondere bauliche Maßnahmen ergriffen werden.

BAUMEISTER DES ALTERTUMS

Die ersten Mathematiker waren Baumeister. Viele mathematische Regeln, die für uns heute selbstverständlich sind, wurden einst von Arbeitern entwickelt, die riesige, schwere Steine schleppen und heben mussten und vor der Aufgabe standen, stabile Bauwerke zu errichten.

Die Baumeister im alten Ägypten nutzten Geometrie, um die Breite, Höhe und Neigung der Pyramiden von Gizeh zu berechnen.

Die Baumeister der Maya in Mittelamerika verwendeten komplizierte astronomische Berechnungen, um ihre Tempel nach der Sonne auszurichten. Zweimal im Jahr fällt in der mexikanischen Ruinenstadt Chichén Itzá ein Schatten auf die Treppe der Kukulcán-Pyramide, der aussieht, als würde eine Schlange die Treppe hinauf- oder hinunterkriechen.

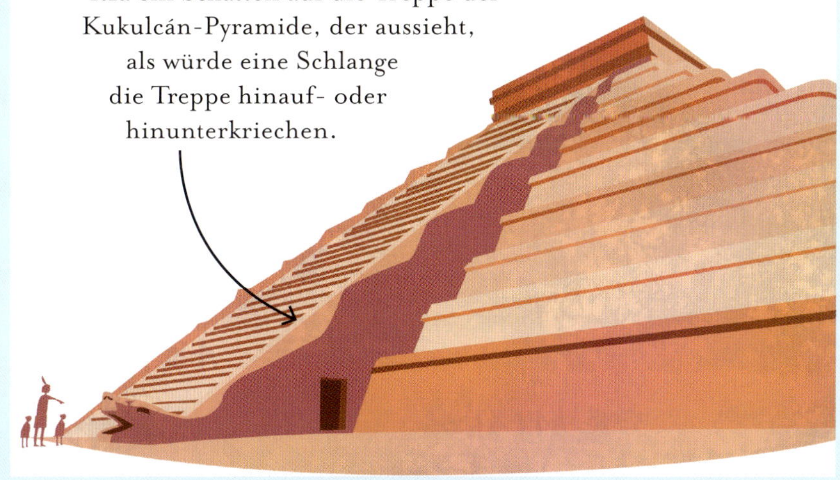

Cheops-Pyramide, Ägypten

1:2

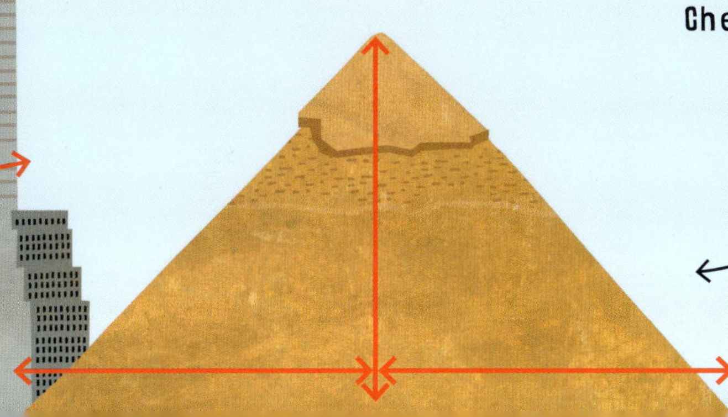

Leben in anderen Dimensionen

In der dritten Dimension fühlen wir uns zuhause. Aber wie würde sich das Leben in einer anderen Dimension anfühlen? Hier ist deine Fantasie gefragt!

LEBEN IN 3D

Wir leben in der dritten Dimension, denn wir verwenden drei Grundrichtungsarten:

1. links-rechts
2. oben-unten
3. vorne-hinten

Drei Dimensionen: Breite, Höhe und Tiefe!

LEBEN IN 2D

Wie sähe ein Leben in der zweiten Dimension aus?

Hier gibt es nur zwei Grundrichtungen: links-rechts und oben-unten. Es gibt kein vorne-hinten. Alles ist vollkommen flach. Ein Leben in der zweiten Dimension wäre, als würdest du in einem Gemälde oder auf einer Seite dieses Buches wohnen.

STELL DIR VOR, DU WÄRST EIN 2D-KIND UND WÜRDEST IN DIESEM BILD LEBEN.

Um auf die andere Seite des Baumes zu gelangen, müsstest du ÜBER ihn drüber oder UNTER ihm hindurch. Du könntest nicht um ihn herumlaufen, da es ja kein Vorne und Hinten gibt!

WAS KÖNNTEST DU SEHEN?

Den Baum könntest du nicht sehen, denn dazu müsstest du ja die Buchseite verlassen und in die dritte Dimension springen! Stattdessen würdest du nur einen Strich sehen, der unten braun (der Stamm) und oben grün (die Blätter) wäre. Dieser Strich würde dir die Sicht auf alles verstellen, was auf der anderen Seite liegt.

LEBEN IN 4D

Jetzt versuchen wir uns das Leben in der vierten Dimension auszumalen. Es gäbe vier Grundrichtungen: links-rechts, oben-unten, vorne-hinten und noch eine! Sehen können wir die vierte Dimension nicht, also müssen wir unsere Vorstellungskraft benutzen.

Wie könnte unsere 3D-Welt für ein Wesen aussehen, das in der vierten Dimension lebt? Um sich das vorzustellen, hilft es, sich an die 2D-Welt zu erinnern.

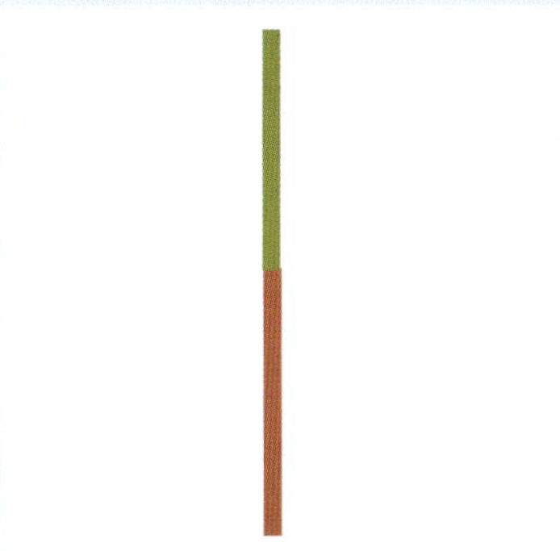

ZWEITE DIMENSION

In einer zweidimensionalen Welt würden wir nur Striche sehen, aber nicht, was hinter diesen Strichen ist.

ABER wenn wir die dritte Dimension (unsere Lebensrealität) hinzunehmen, können wir die 2D-Welt von oben betrachten.

DRITTE DIMENSION

In der dritten Dimension sehen wir mehr als in der zweiten, aber immer noch nicht alles. Manche Objekte sind hinter oder im Innern von anderen Objekten verborgen (wie die Katze hinter dem Baum im obigen Bild).

ABER wenn wir in die vierte Dimension springen könnten, hätten wir dieses Problem nicht. 4D-Wesen könnten unsere gesamte 3D-Welt sehen und in alles hinein, hinter und unter alles blicken.

Sie könnten nicht nur die Katze hinter dem Baum sehen, sondern auch hinter die Katze und in die Katze hineinschauen.

? Mach dir nichts draus, wenn sich hier deine Gehirnwindungen verknoten! Es fällt schwer, sich eine 4D-Welt vorzustellen. Ein 2D-Wesen hätte ähnliche Probleme mit der 3D-Welt!

DENKEN WIR UNS EIN 4D-GEBILDE!

BEGINNE MIT EINEM PUNKT.

0 Dimensionen: ein Punkt

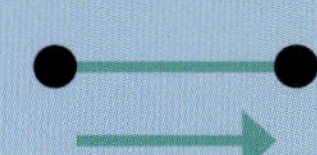

BEWEGE DEN PUNKT ENTLANG DER ERSTEN DIMENSION UND ERHALTE EINE LINIE.

1. Dimension: eine Linie

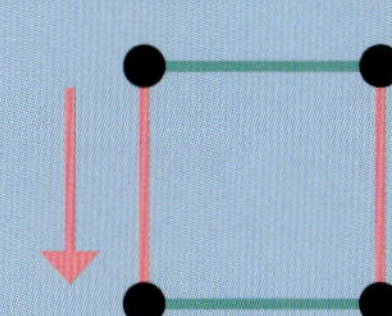

BEWEGE DIE LINIE ENTLANG DER ZWEITEN DIMENSION UND ERHALTE EIN QUADRAT.

2. Dimension: ein Quadrat

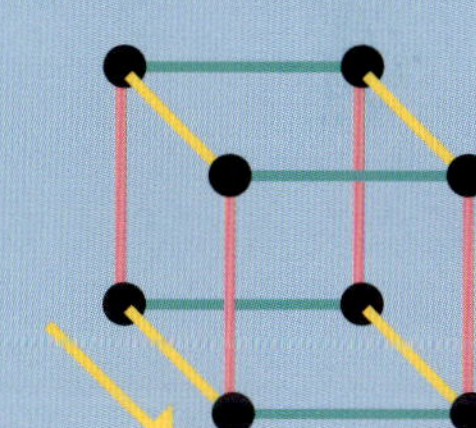

BEWEGE DAS QUADRAT ENTLANG DER DRITTEN DIMENSION UND ERHALTE EINEN WÜRFEL.

3. Dimension: ein Würfel

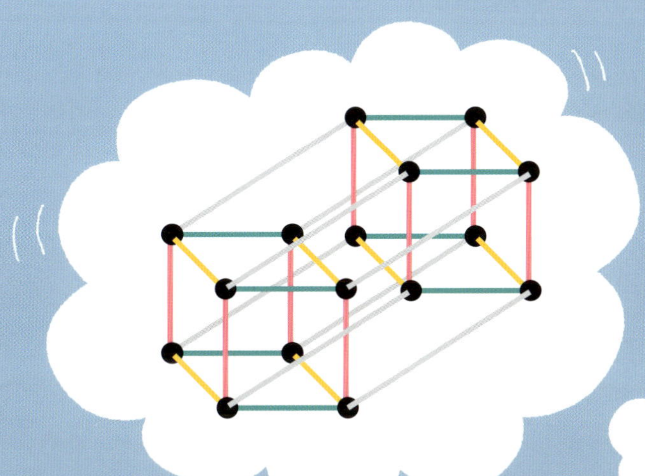

BEWEGE DEN WÜRFEL ENTLANG DER VIERTEN DIMENSION (WIR KÖNNEN SIE NICHT SEHEN, STELLEN SIE UNS ABER VOR) UND ERHALTE ... EIN TESSERAKT.

4. Dimension: ein Tesserakt

ZEIT

Manche bezeichnen die Zeit als die vierte Dimension. Tatsächlich ist Zeit eine Dimension. Wir können zwar nicht durch sie reisen, aber vielleicht jemand anders im Universum. In der Mathematik ist die vierte Dimension jedoch räumlicher Natur.

Überall Brüche!

Brüche, Prozentsätze und Dezimalzahlen sind beste Freunde – sie drücken auf unterschiedliche Art aus, dass es sich um Teile eines Ganzen handelt.

SONDERANGEBOT!

„Ab einem Einkaufswert von 30 € sparen Sie 15 %!“ oder „10 % Rabatt beim Kauf von 2!“ Beim Einkaufen begegnen uns überall Prozentzahlen. Aber Vorsicht: Manchmal sind die Prozente nur ein Trick, der uns verleiten soll, mehr zu kaufen als geplant.

%

EIN „PROZENTSATZ“ (%) IST EINE ZAHL, DIE ALS TEIL VON 100 (LAT. *PER CENTO*) ANGEGEBEN WIRD.

27 % IST DAS GLEICHE WIE $\frac{27}{100}$

DIE EISDIELE LOCKT MIT RABATTEN. JE MEHR MAN AUSGIBT, DESTO HÖHER DER RABATT. 20 % RABATT HÖRT SICH GUT AN. ABER WIE FINDEST DU HERAUS, OB DU HIER WIRKLICH EIN GUTES GESCHÄFT MACHST?

DREI EISBECHER: 15 €
INSGESAMT AUSGEGEBEN: 13,50 €

Wenn du drei Eisbecher für 15 € kaufst, bekommst du 10 % Rabatt. Das bedeutet, du bezahlst 1,50 € weniger und musst insgesamt nur 13,50 € ausgeben.

DREI EISBECHER UND DREI MILCHSHAKES: 25 €

INSGESAMT AUSGEGEBEN: 20 €

Die Eisdiele lockt aber mit einem noch größeren Rabatt! Du beschließt, 25 € für drei Eisbecher und drei Milchshakes auszugeben, damit du die 20 % Rabatt bekommst. Du sparst also 5 € und gibst insgesamt 20 € aus. Aber: Trotz des höheren Rabatts hast du 6,50 € mehr ausgegeben, als wenn du nur die Eisbecher mit dem geringeren Rabatt gekauft hättest – das ist mehr als anderthalb Mal so viel!

IST DER EXTRA-RABATT ALSO EIN GUTES GESCHÄFT? JA – UND ZWAR FÜR DIE EISDIELE, DENN DIE HAT MEHR GELD VERDIENT! OB ES SICH AUCH FÜR DICH LOHNT, KOMMT DARAUF AN: HÄTTEST DU DIE MILCHSHAKES SOWIESO GEKAUFT, AUCH OHNE EXTRA-RABATT? ODER HAST DU DICH VON DIESEM „ANGEBOT“ DAZU VERLEITEN LASSEN?

FERNE VERHÄLTNISSE

Bruchzahlen sind überall zu finden, selbst in den Weiten des Weltalls!

DIE UMLAUFZEITEN DER JUPITERMONDE GANYMED, EUROPA UND IO STEHEN IN EINEM FESTEN VERHÄLTNIS ZUEINANDER. IN DER ZEIT, DIE IO FÜR EINE VOLLSTÄNDIGE UMRUNDUNG BENÖTIGT, SCHAFFT EUROPA DIE HÄLFTE IHRER UMLAUFBAHN, GANYMED EIN VIERTEL.

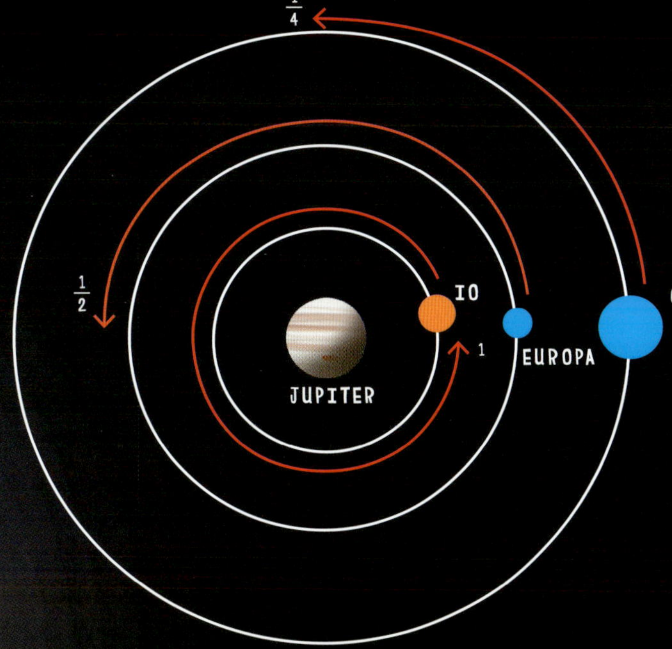

NUR ETWA EIN ZWANZIGSTEL DES UNIVERSUMS IST FÜR UNS SICHTBAR. DER REST IST UNSICHTBARE DUNKLE MATERIE UND DUNKLE ENERGIE.

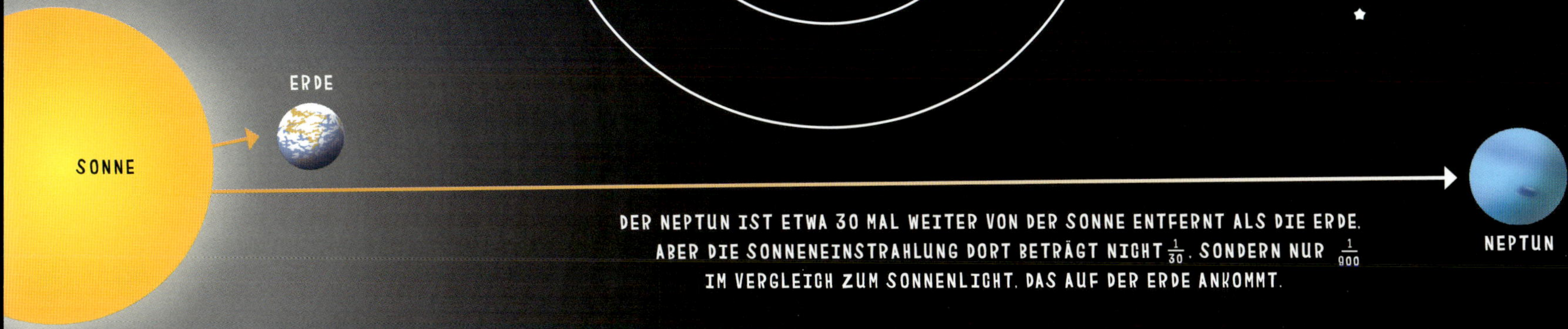

DER NEPTUN IST ETWA 30 MAL WEITER VON DER SONNE ENTFERNT ALS DIE ERDE. ABER DIE SONNENEINSTRAHLUNG DORT BETRÄGT NICHT $\frac{1}{30}$, SONDERN NUR $\frac{1}{900}$ IM VERGLEICH ZUM SONNENLICHT, DAS AUF DER ERDE ANKOMMT.

MUSTERHAFTE ZAHLEN

DEZIMALZAHLEN SIND BRÜCHE, DEREN NENNER ZEHNERPOTENZEN SIND, ALSO 1, 10, 100, 1000 USW.

WEIL ZEHNERBRÜCHE ZAHLEN IN ZEHNTEL, HUNDERTSTEL, TAUSENDSTEL USW. TEILEN, KÖNNEN WIR SIE MITHILFE DES STELLENWERTSYSTEMS ALS DEZIMALZAHLEN SCHREIBEN:

$\frac{1}{10}$ → 0,10 EIN ZEHNTEL

$\frac{1}{100}$ → 0,01 EIN HUNDERTSTEL

$\frac{1}{1000}$ → 0,001 EIN TAUSENDSTEL

Die dezimale Schreibweise von Brüchen kann bisweilen schöne Muster ergeben.

NEUNTEL

Werden Neunerbrüche dezimal geschrieben, wiederholt sich die im Zähler stehende Zahl unendlich oft:

$\frac{1}{9}$ = 0,1111..., $\frac{2}{9}$ = 0,2222..., USW. BIS $\frac{8}{9}$ = 0,8888...

ELFTEL

Bei der Dezimalschreibweise von Elferbrüchen bilden sich Paare:

$\frac{1}{11}$ = 0,090909... $\frac{10}{11}$ = 0,909090...

$\frac{2}{11}$ = 0,181818... $\frac{9}{11}$ = 0,818181...

$\frac{3}{11}$ = 0,272727... $\frac{8}{11}$ = 0,727272...

$\frac{4}{11}$ = 0,363636... $\frac{7}{11}$ = 0,636363...

$\frac{5}{11}$ = 0,454545... $\frac{6}{11}$ = 0,545454...

VERRÜCKTE DEZIMALZAHLEN

Bei manchen Brüchen entstehen verblüffende Muster, wenn man sie dezimal schreibt!

$\frac{152}{333}$ = 0,456456456456...

DIE ZAHLEN 4, 5 UND 6 WIEDERHOLEN SICH BIS IN ALLE EWIGKEIT!

$\frac{1}{81}$ = 0,012345679012345679...

ALLE ZAHLEN VON 0 BIS 9 – AUSSER DER 8 – WIEDERHOLEN SICH PERIODISCH.

$\frac{1}{998001}$ = 0,000001002003004 ... 995996997999000001

JEDE DREISTELLIGE ZAHL – MIT AUSNAHME DER 998 – WIRD UNENDLICH OFT WIEDERHOLT.

π = 3.14159265358979323846264338327950288419716939937510582097494459230781640628620 8

PI MAL DAUMEN

π WIRD MEISTENS AUF 3.14 VERKÜRZT.

Pi (π) ist überall. Ohne die Kreiszahl könnten wir weder in den Weltraum reisen noch große Bauwerke realisieren. Sie ist die vielleicht wichtigste Zahl der Welt.

π

WOHER KOMMT DAS SYMBOL? Auch wenn es nicht so aussieht: π ist eine Zahl – und zwar eine sogenannte irrationale Zahl.

Das bedeutet, dass π eine Zahl mit unendlich vielen Nachkommastellen ist, die sich nicht wiederholen und kein Muster bilden. Da es unmöglich ist, eine unendlich lange Zahl auszuschreiben, wird sie in der Mathematik durch das Symbol π dargestellt.

ALLES DREHT SICH UM PI!

Kreiszahl kommt von Kreis! Dividiert man den Umfang eines Kreises durch seinen Durchmesser, ist das Ergebnis immer π – egal, ob der Kreis so groß wie ein Planet oder so klein wie eine Erbse ist.

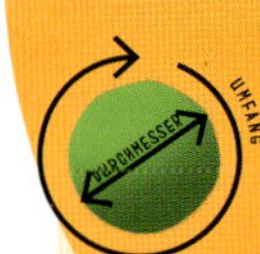

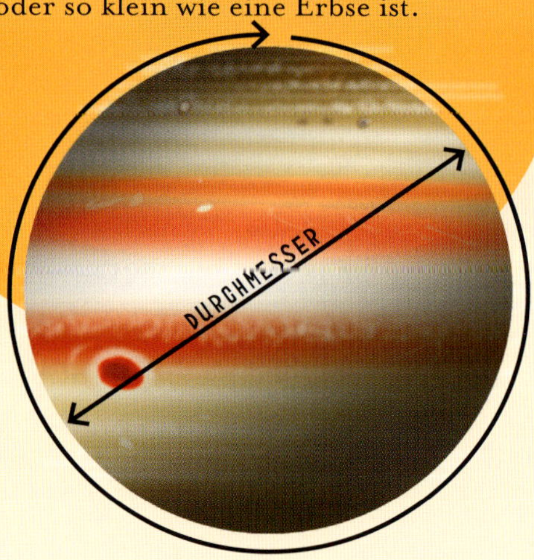

Wenn du die Maße von einem Objekt bestimmen willst, das irgendwo einen Kreis enthält, brauchst du π. Hier ein paar wichtige Formeln:

KREISUMFANG = π × RADIUS × 2

KREISFLÄCHE = π × $(\text{RADIUS})^2$

VOLUMEN EINES ZYLINDERS = π × $(\text{RADIUS})^2$ × HÖHE

ZEITREISE MIT PI

In der Mathematik kennt man Pi seit 4000 Jahren.

2000–1650 V. CHR.
Im alten Babylon berechnet man die Kreisfläche mit 3, also annähernd Pi. Auch im alten Ägypten ist man mit 3,1605 nahe dran.

250 V. CHR.
Der antike griechische Mathematiker Archimedes unternimmt den ersten Versuch, Pi exakt zu berechnen. Er findet heraus, dass der Wert zwischen 3,1408 und 3,1429 liegt.

36001133053054882046652138414695194151160943305727036575959195309218611738193261179310511854807446237996274956735188575272489122793818301194912983367336244065664308602139494639522 47…

03482534211706798214808651328230664709384460955058223172535940812848111745028410270193852110555964462294895493038196442881097566593344612847564823378678316527120190914564856692346034861045432664821339360726024914127372458700660631558817488152092096282925409171536436 7

EIN STÜCK VOM KUCHEN Wusstest du, dass du mit Pi auch die Winkelgröße messen kannst? Statt mit Grad kann man die Weite eines Winkels auch in Radiant angeben, einer Einheit, die mithilfe von Pi errechnet wird. Ein ganzer Kreis entspricht 2π.

Wie viele Zahlen kannst du dir merken? 2016 sagte Rajveer Meena 70.000 Nachkommastellen der Kreiszahl fehlerfrei auf. Dafür brauchte er über 10 Stunden!

Zwar wurden Billionen von Nachkommastellen der Kreiszahl bestimmt, aber in Mathematik und Wissenschaft werden nicht immer alle berücksichtigt. Der NASA genügen 16 Nachkommastellen für ihre wichtigsten Berechnungen, z. B. um einen Mars Rover zu steuern oder Raumfahrzeuge in die Umlaufbahn zu bringen.

Jedes Jahr am 14. März wird auf der ganzen Welt der Pi-Tag gefeiert. Das liegt daran, dass das Datum – wenn es auf amerikanische Art geschrieben wird, also 3/14 – den ersten drei Ziffern der Kreiszahl entspricht.

5. JAHRHUNDERT
Der chinesische Mathematiker Zu Chongzhi errechnet sieben Nachkommastellen von Pi: 3,141592. Sein Rekord steht 800 Jahre lang.

1706
Der walisische Mathematiker William Jones beginnt, das Symbol π zu verwenden.

1873
Der englische Mathematiker William Shanks errechnet 527 Nachkommastellen von Pi – und das ohne Taschenrechner!

2019
Emma Haruka Iwao und ihr Team berechnen Pi auf unglaubliche 31.415.926.535.897 Nachkommastellen – absoluter Weltrekord!

SELTSAME SCHLEIFEN

Dinge, die rollen, aber nicht rund sind. Ein Papierstreifen mit nur einer Kante und nur einer Seite. Wo findet man so merkwürdige Dinge? In der Mathematik natürlich!

MATHEMATISCHE FIGUREN

Versuche folgenden Trick:

1. Nimm einen Streifen Papier. Er hat zwei Seiten: eine Vorder- und eine Rückseite.

2. Jetzt verdrehst du den Streifen einmal und klebst die kurzen Enden aneinander.

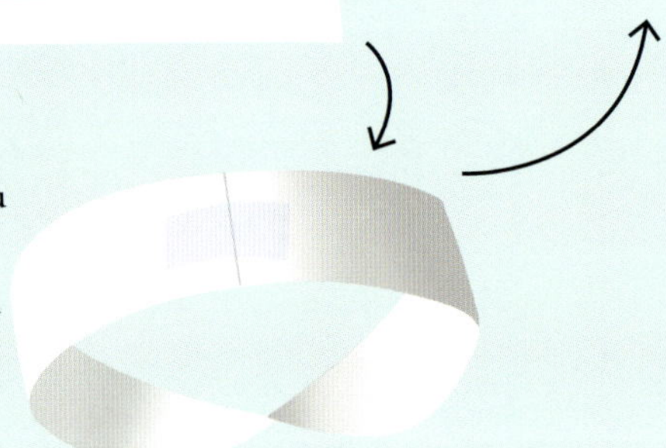

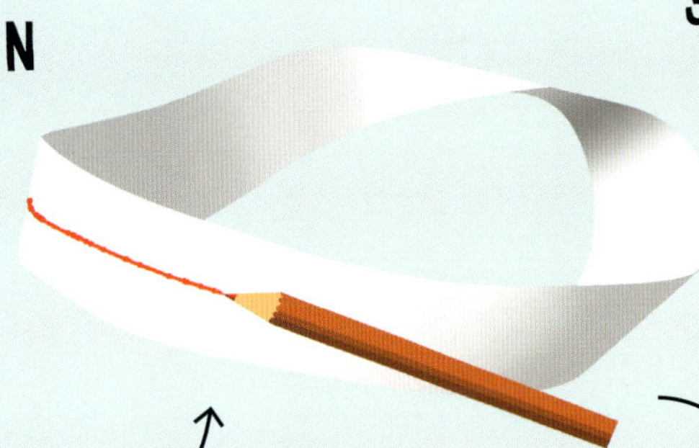

3. Wie viele Seiten hat der Streifen jetzt? Wenn du mit einem Stift entlang der Mitte des Streifens einen Strich ziehst, stellst du fest, dass die Figur nur eine Seite hat! Wo ist die andere Seite geblieben? Diese seltsame Figur nennt man Möbiusband oder Möbiusschleife.

4. Noch ein Trick: Schneide die Schleife entlang der Linie, die du gezeichnet hast, auseinander. Jetzt hat das Papier wieder zwei Seiten! Zauberei oder Mathematik? Oder beides?

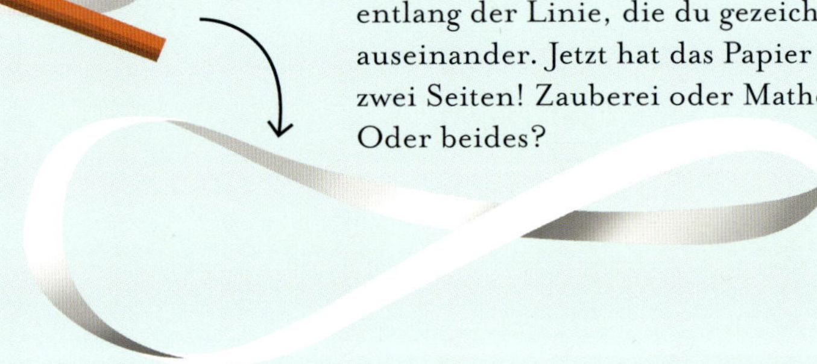

WANDELBARE FORMEN

Wusstest du, dass ein Donut und eine Kaffeetasse eigentlich die gleiche Form haben? Zwar nicht in der Welt der starren Körper, aber in der wunderbaren Welt der Topologie!

In der Topologie gelten zwei Figuren als äquivalent, wenn sie durch Dehnen oder Quetschen und ohne dass neue Löcher entstehen, ineinander überführt werden können.

Stell dir vor, du hast ein Stück weichen Ton in Form eines Donuts. Du könntest den Ton so verformen, dass eine Kaffeetasse daraus wird, ohne dass du das Material durchbohren oder zerreißen musst.

Jedes dreidimensionale Objekt mit genau einem Loch ließe sich in eine Kaffeetasse oder einen Donut verwandeln! Hier unten siehst du weitere Beispiele für äquivalente Objekte:

KEINE LÖCHER:		=		=	
EIN LOCH:		=	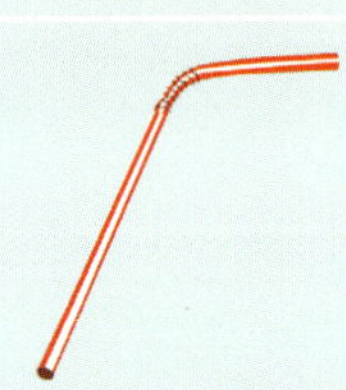	=	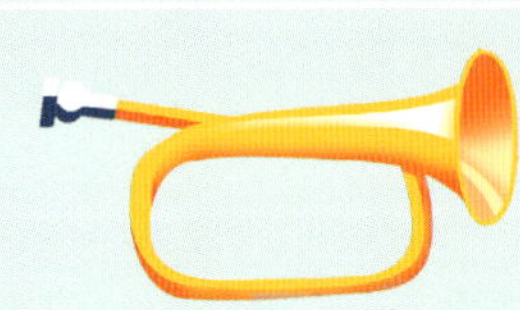
ZWEI LÖCHER:	 (Brillengestell ohne Gläser)	=	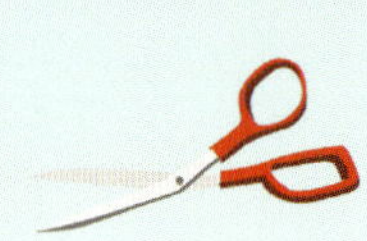	=	 (Kessel ohne Deckel)

DIE FORM, DIE KEINE FORM IST

Die Form, die wir als „Oval" kennen, existiert genau genommen gar nicht, jedenfalls in mathematischer Hinsicht. Es gibt zwar viele Figuren, die „oval" aussehen, aber ihre mathematischen Eigenschaften unterscheiden sich. Zum Beispiel:

ELLIPSE

Schneidet man einen Kegel schräg ab, erhält man eine Ellipse. Deswegen wird die Ellipse auch als „Kegelschnitt" bezeichnet. Die Umlaufbahn der Erde um die Sonne ist eine Ellipse.

EUKLIDISCHES EI

Diese Form entsteht durch die Überschneidungen von vier Kreisen, die wie abgebildet um ein Dreieck gezeichnet werden.

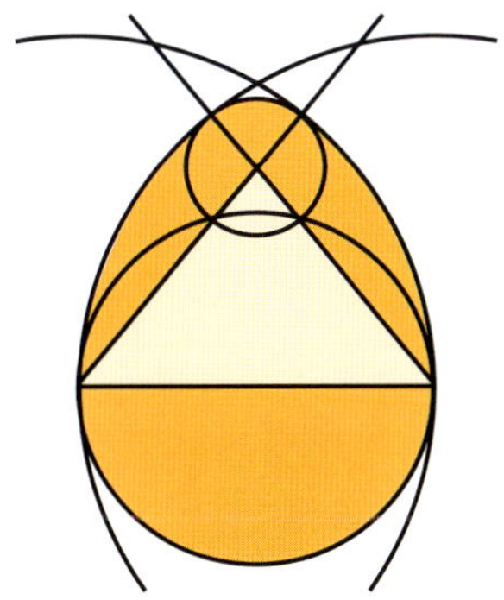

STADION

Die typische Stadionform entsteht, indem die kurzen Seiten eines Rechtecks mit je einem Halbkreis verlängert werden.

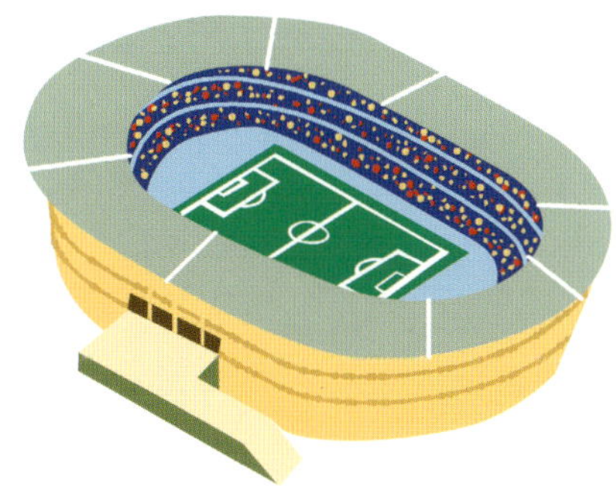

MISCHWESEN

Ein Sphericon (abgeleitet aus den englischen Wörtern *sphere*, Kugel, und *cone*, Kegel) ist teils Kugel, teils Kegel.

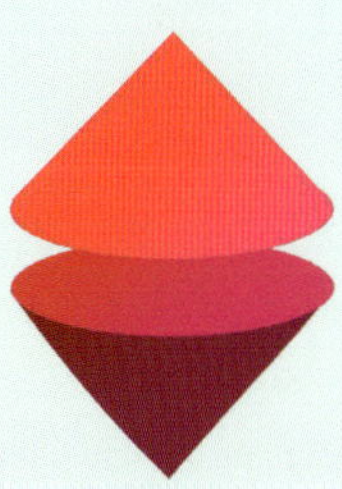

1. Zwei Kreiskegel werden an der Grundfläche aneinandergefügt.

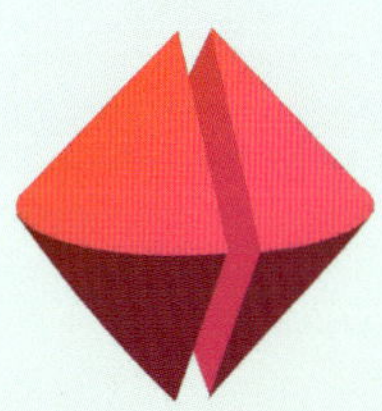

2. Das Ergebnis wird von Spitze zu Spitze halbiert …

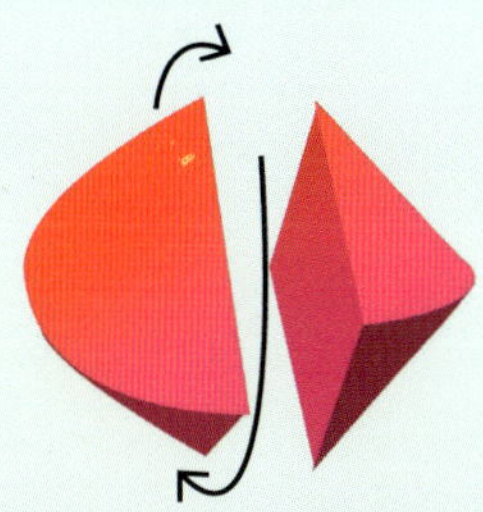

3. … und die Hälften nach einer Drehung um 90° wieder zusammengeklebt.

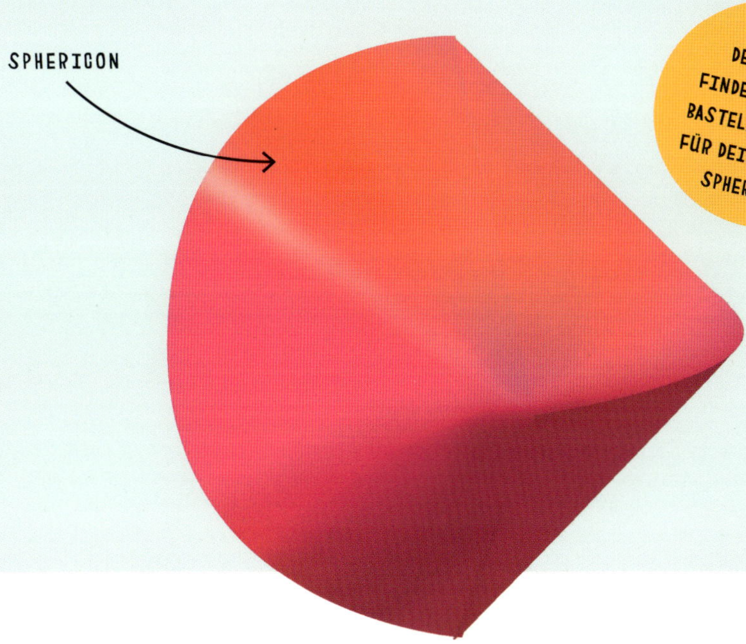

AM ENDE DES BUCHES FINDEST DU EINE BASTELANLEITUNG FÜR DEIN EIGENES SPHERICON!

HALLO, SCUTOID!

Dachtest du, es gäbe keine neuen Formen mehr zu entdecken?

Von wegen! 2018 entdeckte ein wissenschaftliches Team den Scutoid. Scutoide gibt es überall in der Natur, auch in unserem Körper. Wenn die winzigen Zellen, aus denen alle Lebewesen bestehen, dicht an dicht gepackt sind, nehmen manche die Form eines Scutoids an, um Platz zu sparen.

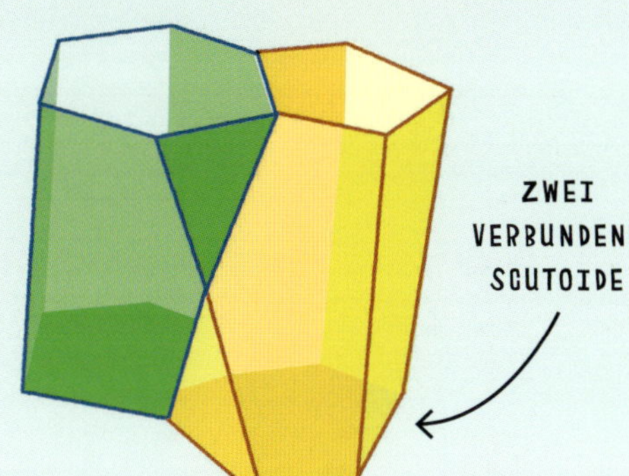

DAS MASS ALLER DINGE

Wie weiß man überhaupt, wie viel ein Kilogramm wiegt? Warum messen manche Länder in Metern, andere aber in Fuß? Ganz schön kompliziert, die Sache mit den Maßeinheiten! Ohne Mathe wären wir hier verloren!

FUSS UND FINGER

Die meisten frühen Maßsysteme basierten auf Körperteilen. Da Körper jedoch unterschiedlich groß sind, waren auch die auf ihnen basierenden Maßeinheiten sehr unterschiedlich.

WESSEN FUSS?

Ein Fuß war ein früher sehr weitverbreitetes Längenmaß. Allerdings variierte die Länge je nach Land beträchtlich!

Der altkeltische Fuß war rund 23 cm lang.

Der antike griechische Fuß war mit 30,48 cm so lang wie der heutige englische Fuß.

Der Fuß der Harappa-Kultur in Asien maß ca. 33 cm.

ALTÄGYPTISCHE MASSEINHEITEN

1 Finger = die Breite des Fingers

1 Elle = Abstand zwischen Ellbogen und Spitze des Mittelfingers

28 FINGER = 1 ELLE

DAS KANNST DU SELBST ÜBERPRÜFEN: IST BEI DIR DER ABSTAND ZWISCHEN ELLBOGEN UND FINGERSPITZEN 28 FINGER BREIT?

Die Ägypter stellten Stäbe her, die eine Elle lang waren, damit einheitlich gemessen werden konnte.

MITTELALTERLICHE MASSEINHEITEN

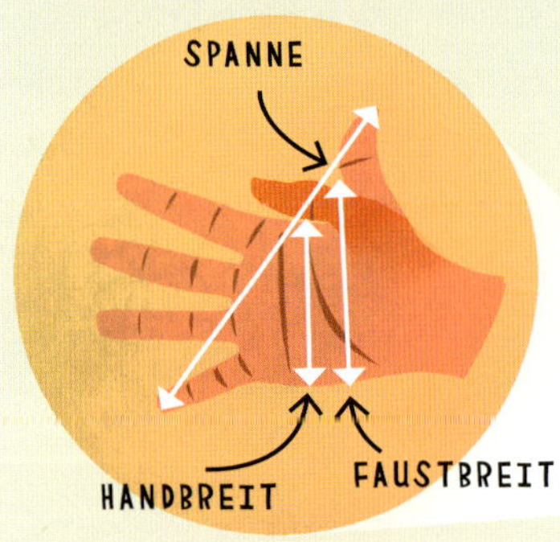

Länge vom Ellbogen bis zur Spitze des Mittelfingers

1 Spanne = Spannweite der Hand von der Daumenspitze bis zur Spitze des kleinen Fingers
1 Faustbreit = Breite der geballten Faust
1 Handbreit = Breite der Handfläche

KLEINE MASSEINHEITEN

Um sehr kleine Dinge zu messen, eignen sich Körperteile nicht so gut, Getreidekörner aber schon!

1 Gerstenkorn = 7 Pferdehaare (Breite)
1 Mohnsamen = 1/4 oder 1/5 Gerstenkorn

Die englischen und US-amerikanischen Schuhgrößen basieren noch auf dem Gerstenkorn.

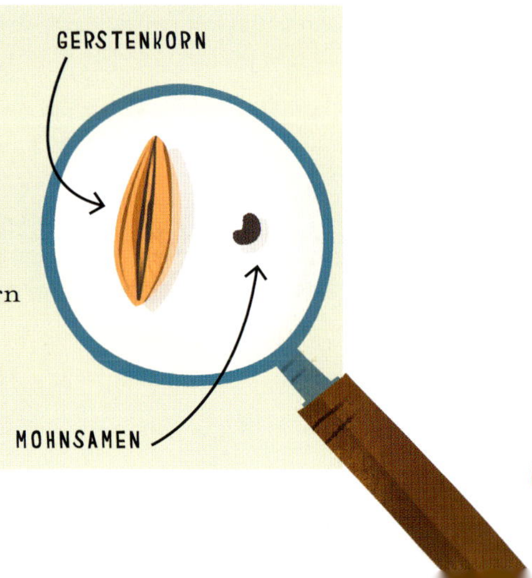

EINHEITS-CHAOS

Die vielen verschiedenen Maßsysteme sorgten für Verwirrung. Der Quedlinburger Baumeister Johann Friedrich Krüger brachte 1830 mit seinem über 300 Seiten starken Buch *„Vollständiges Handbuch der Münzen, Maße und Gewichte aller Länder der Erde“* Ordnung ins Chaos.

DIE RETTENDE ZEHN Im späten 18. Jahrhundert beschlossen französische Wissenschaftler, das Problem mit den verwirrenden Maßeinheiten ein für alle Mal zu lösen. Sie führten das metrische Einheitensystem ein, das auf dem Dezimalsystem aufbaut.

Ein Meter, die Basiseinheit der Länge, wurde als der zehnmillionste Teil der Entfernung zwischen Nordpol und Äquator definiert.

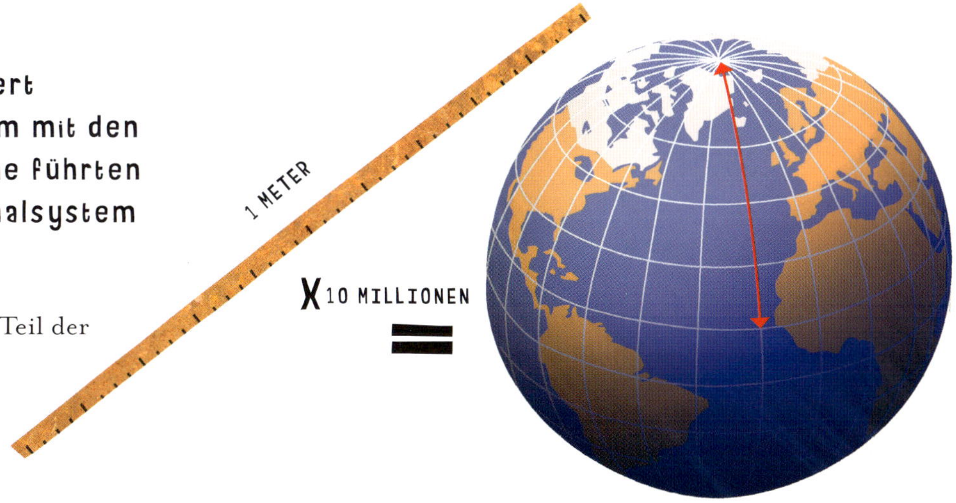

NEUE ZEITRECHNUNG?

Es gab auch den Versuch, die Zeit mit dem metrischen System zu messen. Der Tag wäre dann 10 Stunden lang, eine Stunde hätte 100 Minuten, eine Minute 100 Sekunden. Aber die Idee hat sich nicht durchgesetzt.

EINHEITSSYSTEM? NEIN DANKE!

Fast alle Länder der Welt verwenden das metrische System als offizielles Maßsystem, außer:

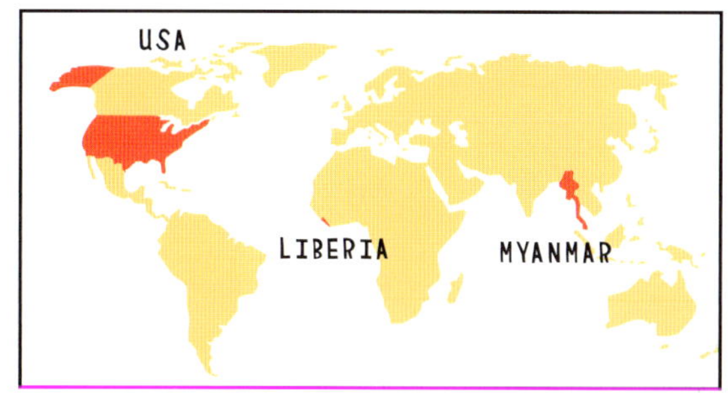

VERBINDLICH MESSEN Woher wissen alle, wie lang ein Meter ist?

Nachdem die Franzosen beschlossen hatten, ihr Maßsystem zu standardisieren, musste jede Einheit eindeutig festgelegt werden. Die sogenannten „Referenzkörper“ werden im Internationalen Büro für Maß und Gewicht in Paris aufbewahrt.

Das Urmeter wurde aus Platin gefertigt, weil es als das robusteste Material galt. Aber sogar Platin zersetzt sich im Laufe der Zeit. Heute wird 1 Meter definiert als die Entfernung, die das Licht in 1/299.792.458 Sekunden zurücklegt.

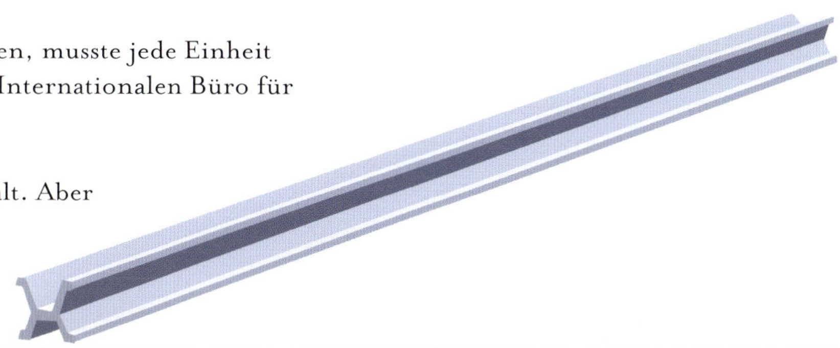

ES GIBT SIEBEN INTERNATIONALE BASISEINHEITEN

Eigenartige Maßeinheiten

Wie lang ist ein siderischer Tag? Wie viel ist eine Pferdelänge? Manche Dinge werden auf merkwürdige Weise gemessen!

ZEITEINHEITEN IM WELTALL

Siderischer Tag = Zeitspanne, die ein Himmelskörper benötigt, um sich einmal um die eigene Achse zu drehen. Bei der Erde sind dies 23 Stunden und 56 Minuten.
Dieser Wert unterscheidet sich von dem Sonnentag, den wir zur Zeitmessung verwenden. Ein Sonnentag (24 Stunden) entspricht der Zeitspanne zwischen zwei Sonnenhöchstständen.

Warum sind siderischer und Sonnentag verschieden? Weil die Erde sich nicht nur um sich selbst, sondern auch noch um die Sonne dreht.

Nach einer Umdrehung (23 Stunden, 56 Minuten) steht die Sonne noch nicht wieder auf dem Höchststand, weil die Erde auf ihrer Umlaufbahn um die Sonne ein wenig weitergewandert ist. Die Erde braucht weitere 4 Minuten, um das aufzuholen.

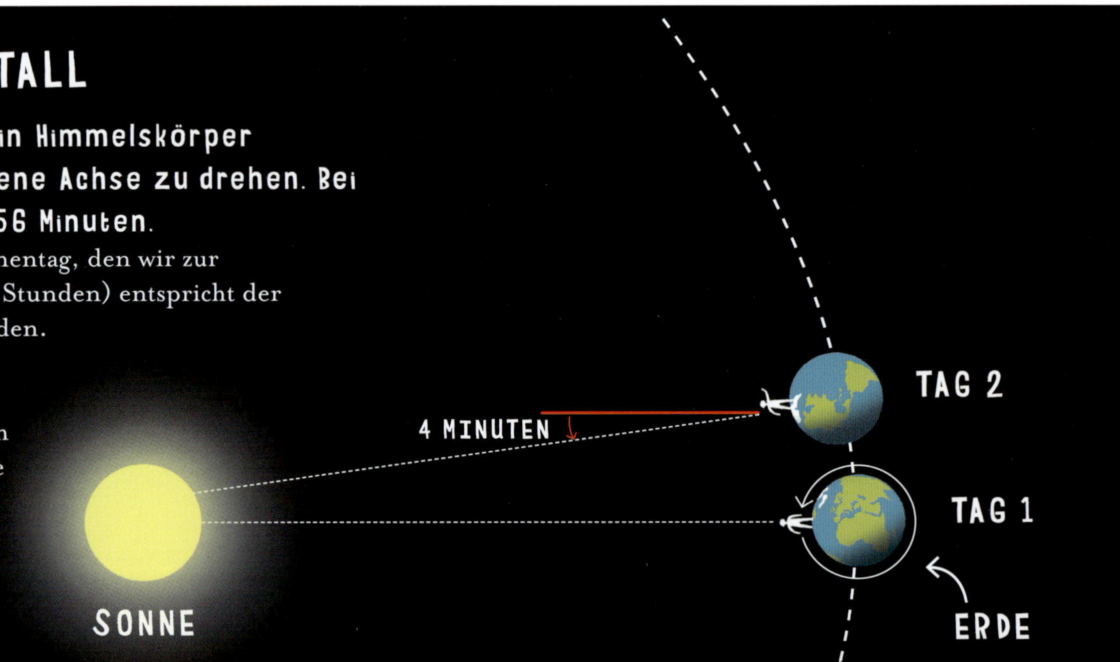

Sol = 1 Mars-Tag
Ein Sol ist ungefähr 41 Minuten länger als ein Tag auf der Erde.

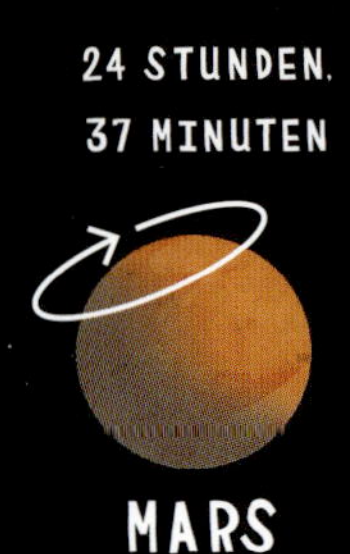

Galaktisches Jahr = Zeitspanne, die die Sonne benötigt, um das Zentrum der Milchstraße (unsere Galaxis) vollständig zu umrunden, etwa 220–250 Millionen Jahre.
Galaktische Jahre werden verwendet, um extrem große Zeitspannen zu erfassen.

GLEICH! GIB MIR NOCH 1 …

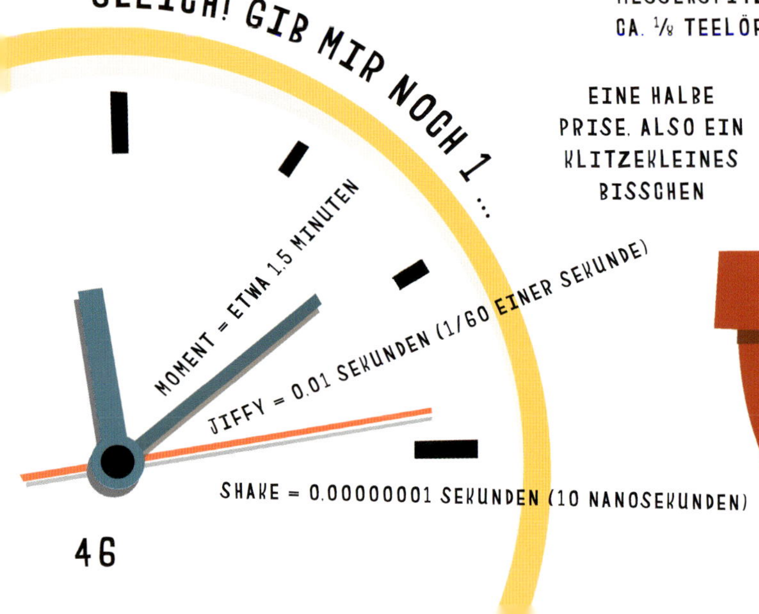

IN DER KÜCHE

Eine Prise dies, eine Messerspitze das … Für manche Mengenangaben in Rezepten braucht man spezielle Messlöffel!

WIE STARK RIECHST DU?

Hoffentlich nicht mehr als 1 Olf!
1 OLF = der Geruch, der von einem durchschnittlichen Menschen ausgeht, welcher ein Deodorant benutzt, sich vor kurzem gewaschen hat und bei angenehmer Temperatur ruhig sitzt.

RUND UMS PFERD

1 PFERDESTÄRKE

120 PFERDESTÄRKEN (PS)

Hand = altes Maß für die Höhe eines Pferdes oder Ponys. 1 Hand(breit) = 10 cm. Dieses Pony ist 7 Handbreit hoch.

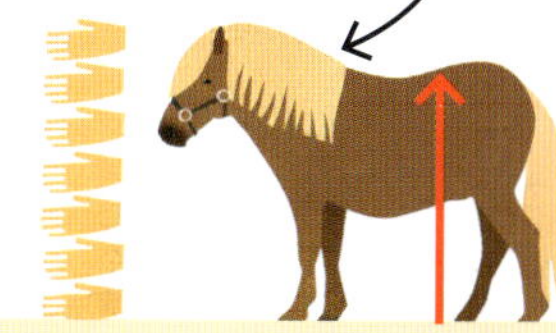

Pferdestärke = die Leistung, die ein Pferd aufbringen muss, um eine 1.500 kg schwere Last in einer Minute drei Meter hoch zu heben.
Der schottische Erfinder James Watt prägte Ende des 18. Jahrhunderts den Begriff „Pferdestärke“, um den Leuten, die an Arbeitspferde gewöhnt waren, die Leistung seiner Dampfmaschinen zu verdeutlichen.

Heute ist PS keine offizielle Einheit mehr, wird aber bei Kraftfahrzeugen immer noch verwendet.

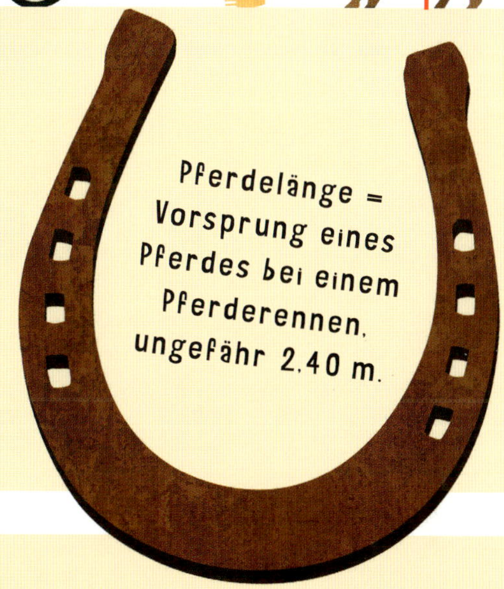

TÖDLICHE BANANEN

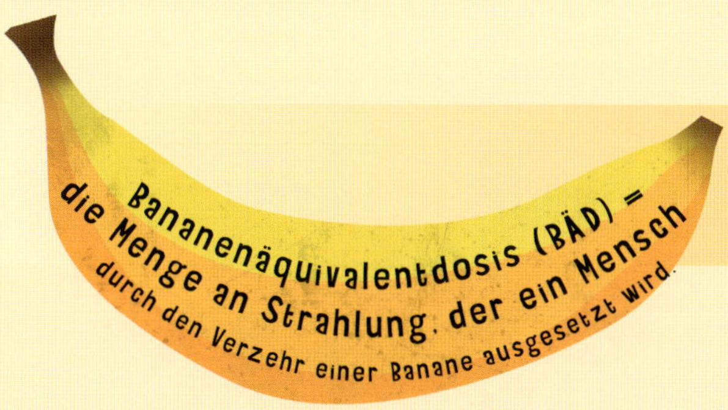

50 x	400 x	100.000.000 x
= ZAHNRÖNTGEN-AUFNAHME	= FLUG VON LONDON NACH NEW YORK	= TÖDLICHE STRAHLENDOSIS

WIE RISKANT?

1 Mikromort = Sterbewahrscheinlichkeit von eins zu einer Million

KÄNGURU-BEGEGNUNG	AUTOFAHREN (BEI 370 KM/H)	FALLSCHIRM-SPRINGEN	GEBOREN WERDEN	VERSUCH, DEN MOUNT EVEREST ZU BESTEIGEN
= 0,1 MIKROMORT	= 1 MIKROMORT	= 10 MIKROMORT	= 430 MIKROMORT	= 37.932 MIKROMORT

Daten und ihre Darstellung

Über alle möglichen Dinge werden Daten gesammelt. Diese Zahlen und Fakten helfen, unsere Welt zu beschreiben und zu verstehen.

STICHPROBEN NEHMEN

Stell dir vor, du möchtest herausfinden, wie viele Menschen weltweit lesen und schreiben können. Wie gehst du vor?

Da du nicht von Tür zu Tür gehen und alle 7,6 Milliarden Menschen auf der Erde befragen kannst, musst du das sogenannte Stichprobenverfahren anwenden: Statt jede Person zu fragen, nimmst du Stichproben, d. h. du befragst nur eine Teilmenge, und deren Daten werden dann auf die größere Gruppe „hochgerechnet". Dabei ist es wichtig, dass deine Stichproben repräsentativ für die Bevölkerung sind, d. h. es sollten Personen aller Altersgruppen, verschiedener Nationalitäten und unterschiedlichen Geschlechts vertreten sein.

WENN DEINE TEILMENGE AUS 100 PERSONEN BESTEHT, KÖNNTE SIE WIE FOLGT AUSSEHEN:

25 Personen wären jünger als 15 Jahre, 66 wären 15–64 Jahre, 9 über 65 Jahre.

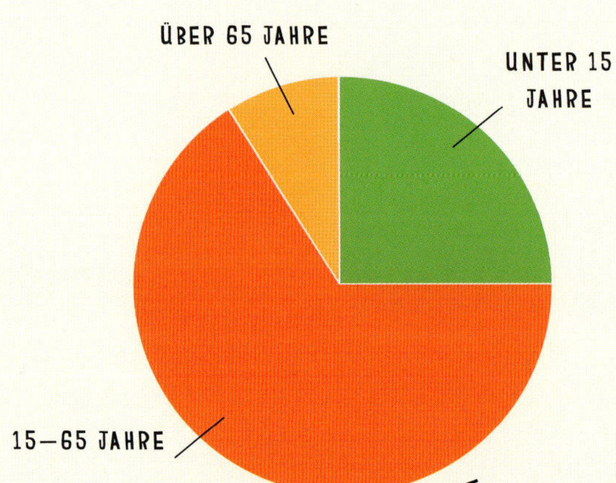

DIESES **KREISDIAGRAMM** STELLT DIE ANTEILE ALS SEKTOREN EINES KREISES DAR.

50 wären weiblich, 50 wären männlich.

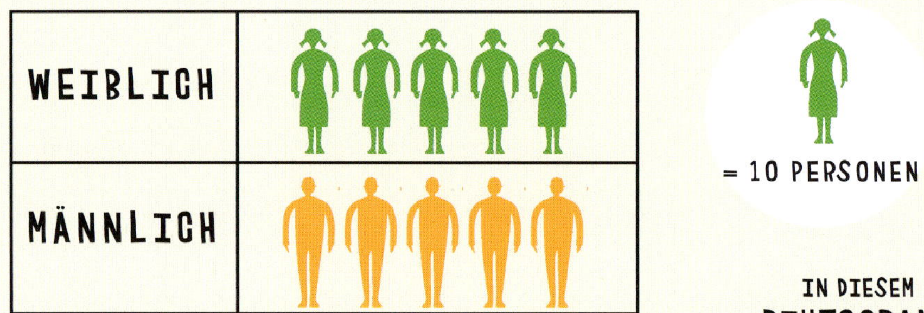

IN DIESEM **PIKTOGRAMM** REPRÄSENTIERT EIN SYMBOL JE 10 PERSONEN.

60 kämen aus Asien, 17 aus Afrika, 10 aus Europa, 7 aus Nord- und Mittelamerika, 6 aus Südamerika.

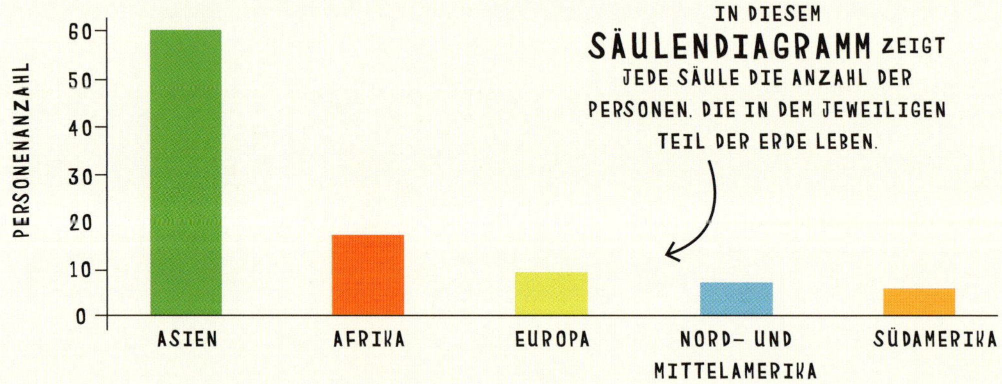

IN DIESEM **SÄULENDIAGRAMM** ZEIGT JEDE SÄULE DIE ANZAHL DER PERSONEN, DIE IN DEM JEWEILIGEN TEIL DER ERDE LEBEN.

86 könnten lesen und schreiben, 14 nicht.

IN DIESEM **BLASENDIAGRAMM** SPIEGELT DIE GRÖSSE DER KREISE DEN PROPORTIONALEN ANTEIL AN DER GESAMTMENGE WIDER.

IMMER MEHR? Nehmen wir an, 1980 hätte jemand Geld in Aktien angelegt. Die beiden Schaubilder unten zeigen, wie viel die Anlage seit 1980 an Wert gewonnen hat. Links wird die Entwicklung mit linearer (arithmetischer) Skalierung, rechts mit logarithmischer Skalierung dargestellt. Welche Kurve zeigt den höheren Gewinn?

Fangfrage! Die Wertsteigerung ist dieselbe, sie wird nur anders dargestellt! Durch die verschiedenen Maßstäbe sieht das Wachstum ganz anders aus.

LINEARE SKALIERUNG

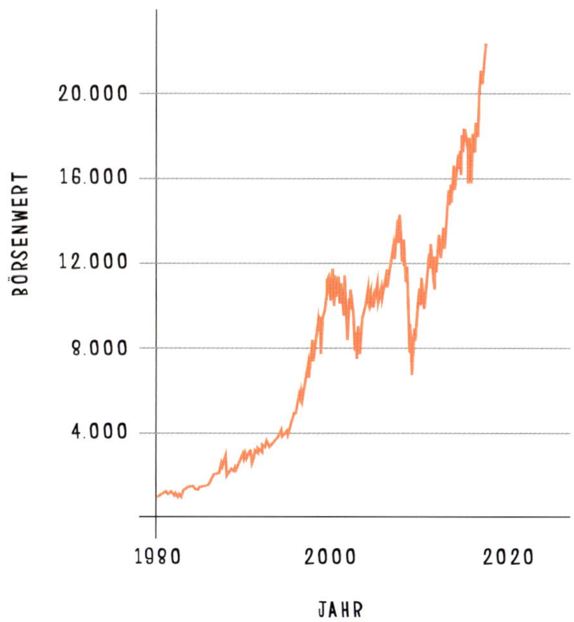

LOGARITHMISCHE SKALIERUNG

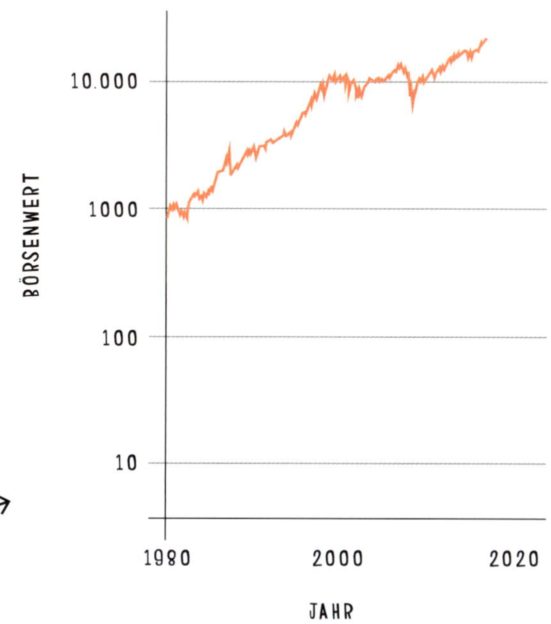

BEIM **LINEAREN MASSTAB** STEIGEN DIE WERTE AUF DER SENKRECHTEN ACHSE VON EINEM SKALENSTRICH ZUM NÄCHSTEN IMMER UM DIE GLEICHE MENGE. ES ENTSTEHT DER EINDRUCK EINES GROSSEN UND SCHNELLEN WACHSTUMS.

HIER IST DIE SENKRECHTE ACHSE ANDERS AUFGETEILT: DIE ZAHLEN SPRINGEN VON 100 AUF 1000 UND AUF 10.000. WENN SICH DIE WERTE, WIE HIER, MIT JEDEM SKALENSCHRITT VERZEHNFACHEN, SPRICHT MAN VON EINEM **LOGARITHMISCHEN MASSTAB**. DIE KURVE ERSCHEINT REGELMÄSSIGER UND WENIGER DRAMATISCH.

DIE MENSCHHEIT GENERIERT GIGANTISCHE DATENMENGEN! Jeden Tag ...

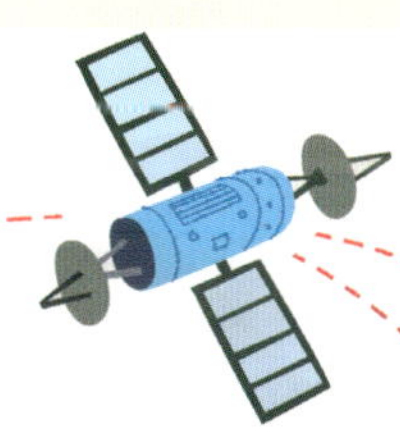

... wird 5 Milliarden Mal etwas im Internet gesucht.

... werden 294 Milliarden E-Mails verschickt.

... werden 350 Millionen Bilder auf Facebook gepostet.

Zwischen 2013 und 2020 wurden zehnmal so viele Online-Daten produziert wie in allen Jahren davor zusammengenommen!

Zu groß, zu klein? Genau richtig!

KÖRPERGRÖSSE

Hier haben sich 21 zehnjährige Mädchen der Größe nach aufgestellt. Was zeigt der Vergleich?

WAS IST DER TYPISCHE WERT?

EINE DER WICHTIGSTEN INFORMATIONEN ÜBER EINE DATENMENGE IST DER **MITTELWERT**. Er zeigt Statistiker*innen die Zahl, die für diese Daten am typischsten ist: den Durchschnittswert.

Um diesen Mittelwert zu erhalten, wird jede Zahl der Datenmenge addiert und durch die Anzahl der Werte dividiert.

DIE DURCHSCHNITTLICHE GRÖSSE DER MÄDCHEN IST ALSO:

2898 CM (ALLE KÖRPERGRÖSSEN DER MÄDCHEN ZUSAMMENGEZÄHLT) ÷ 21 (ANZAHL DER MÄDCHEN) = 138 CM

WIE „NORMAL" SIND DEINE WERTE?

Schau dir an, wo der Mittelwert auf der Kurve eingezeichnet ist. Er liegt genau in der Mitte – zehn Mädchen sind größer und zehn sind kleiner. Die Größen gruppieren sich rund um den Mittelwert von 138 cm.

Wenn Zahlen sich rund um den Mittelwert häufen, spricht man in der Statistik von „normalen" oder „normalverteilten" Zahlen. Die Werte verhalten sich so, wie wir es erwarten würden; die meisten befinden sich in der Nähe der Mitte der Kurve.

Die Normalverteilung wird in der Normalkurve dargestellt. Kein realer Datensatz folgt exakt der Normalkurve (auch wenn einige, wie z. B. die Körpergrößen der Zehnjährigen, nah dran sind!).

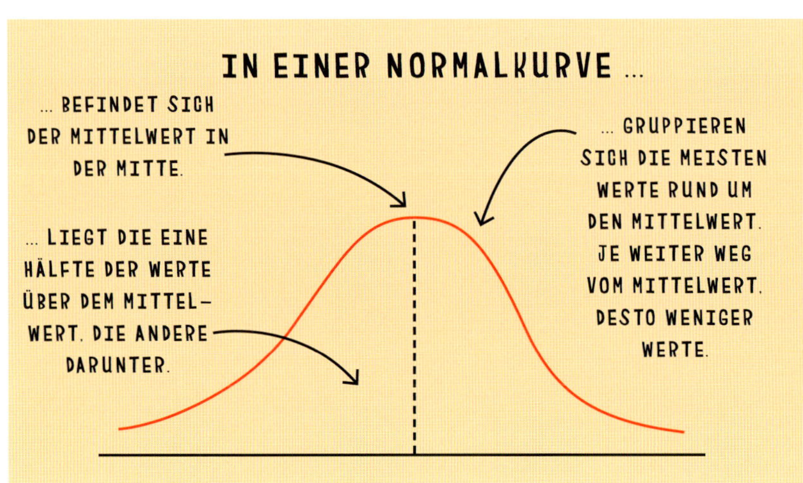

In der Statistik – gesammelte mathematische Methoden zur Analyse von Daten – geht es um Mittelwerte, Extremwerte und deren Interpretation. Was kann die Statistik uns über diese beiden Datensätze zu Körpergrößen und Hotdogs sagen?

HOTDOGS

Dieses Schaubild zeigt die Ergebnisse eines internationalen Hotdog-Wettessens, das jährlich von der US-amerikanischen Fastfoodkette Nathan's Famous veranstaltet wird. 2018 vertilgte der Gewinner Joey Chestnut 74 Hotdogs in zehn Minuten. Wie steht sein Ergebnis im Vergleich zu den anderen Teilnehmern da?

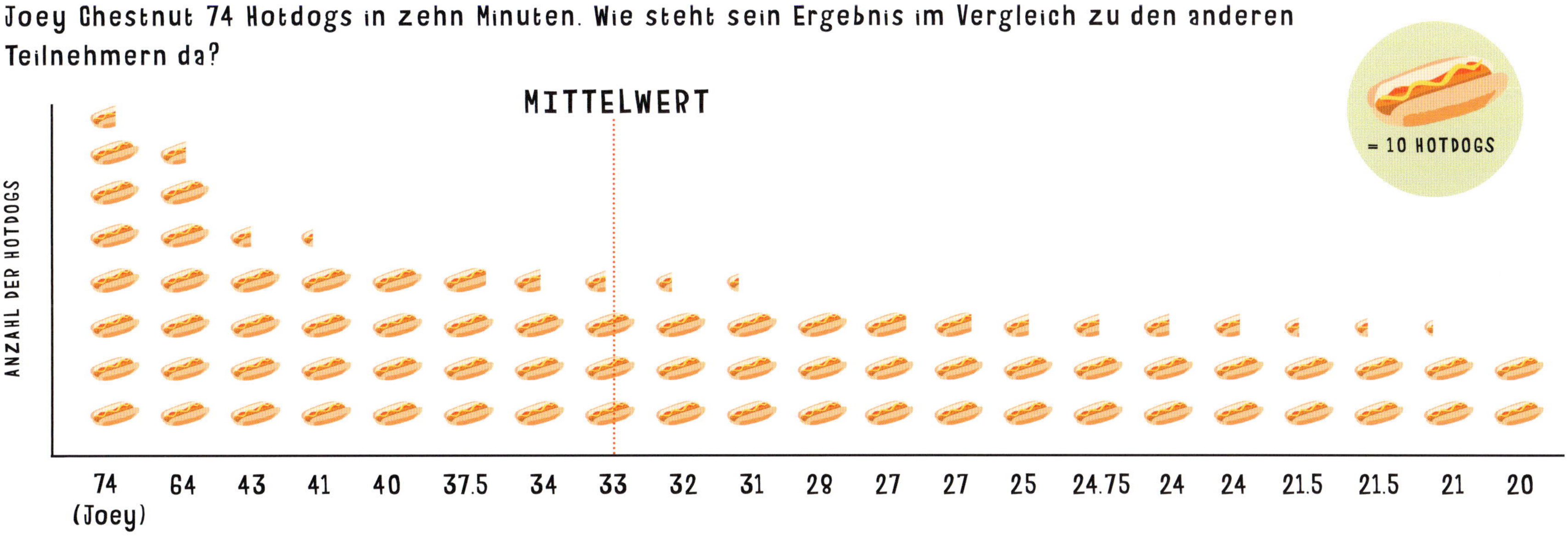

DIE DURCHSCHNITTLICHE MENGE AN HOTDOGS, DIE BEIM WETTBEWERB VERSPEIST WURDE:

603.25 (GESAMTMENGE) ÷ 21 (ANZAHL DER TEILNEHMER) = 33 HOTDOGS

JOEY CHESTNUT VERSCHLANG **74** HOTDOGS – MEHR ALS DOPPELT SO VIEL WIE DER DURCHSCHNITT! WAS GLAUBST DU, WIE ES IHM DAMIT GEHT?

NUN SIEH DIR AN, WO DER MITTELWERT IM HOTDOG-SCHAUBILD EINGEZEICHNET IST. ER LIEGT NICHT GENAU IN DER MITTE. WARUM?

Joey Chestnut aß so viel mehr Hotdogs als seine Rivalen, dass seine Leistung die Daten „verzerrt", d. h. seine Zahl verschiebt den Mittelwert nach oben.

Ein Wert, der sehr viel größer oder sehr viel kleiner als die übrigen Werte des Datensatzes ist, wird als „Ausreißer" bezeichnet. Joey Chestnut futterte 74 Hotdogs, während fast alle anderen weniger als 45 schafften. Damit wird er zum Ausreißer!

ICH WÄR' SO GERNE MILLIONÄR!

Mathematik kann dir helfen, Geld zu sparen und finanzielle Risiken abzuschätzen. Wer ein paar Millionchen verdienen will, darf Mathe nicht links liegenlassen!

ZINS UND ZINSESZINS Zinsen sind das Geld, das du von der Bank für deine Ersparnisse bekommst. Sie errechnen sich prozentual auf Grundlage des Betrages auf deinem Bankkonto.

Beispiel: Wenn du 1.000 € auf dem Konto hast und dieses Geld mit großzügigen 10 % pro Jahr verzinst wird, bekommst du 100 € Zinsen (denn 10 % von 1.000 € = 100 €).

Es gibt zwei Arten der Verzinsung: **EINFACHE ZINSEN** und **ZINSESZINS**.

BANKEN ZAHLEN NICHT NUR ZINSEN, SIE BERECHNEN AUCH WELCHE! WER SICH GELD VON DER BANK LEIHT, MUSS DAFÜR ZINSEN BEZAHLEN. DIESER ZINSSATZ IST HÖHER ALS DER, DEN MAN VON DER BANK FÜR SEIN SPARGUTHABEN BEKOMMT. SO VERDIENEN BANKEN GELD!

EINFACHE ZINSEN

Bei einer einfachen Verzinsung bekommst du jedes Jahr einen gleich hohen Betrag an Zinsen, der sich danach richtet, wie viel Geld du ursprünglich angespart hattest.

1.000 € + 100 €
= 1.100 €

Du hast 1000 € investiert und bekommst im ersten Jahr 100 € dazu.

1.100 € + 100 €
= 1.200 €

Im zweiten Jahr bekommst du noch einmal 100 € dazu.

1.200 € + 100 €
= 1.300 €

Und in jedem folgenden Jahr …

1.300 € + 100 €
= 1.400 €

1 JAHR | 2 JAHRE | 3 JAHRE | 4 JAHRE

1.000 € + 100 €
= 1.100 €

1.100 € + 110 €
= 1.210 €

1.210 € + 121 €
= 1.331 €

1.331 € + 133,10 €
= 1.464,10 €

ZINSESZINS

Mit Zinseszins steigt der Betrag, der dir jährlich gutgeschrieben wird, entsprechend dem jeweils um die Zinsen erhöhten Sparguthaben (du bekommst also Zinsen auf deine Zinsen). Im ersten Jahr bekommst du, wie bei der einfachen Verzinsung, 100 € für deine angelegten 1.000 €.

Im zweiten Jahr bekommst du aber 10 % auf dein neues Sparguthaben, das nun 1.100 € beträgt. Und 10 % von 1.100 € sind 110 €. Das ist mehr!

Dank Zinseszins steigt der Betrag, den du dazubekommst, jedes Jahr weiter an. In den ersten Jahren unterscheidet sich das nicht großartig von den einfachen Zinsen, aber langfristig kommt sehr viel mehr Geld zusammen!

START-KAPITAL: € = 1.000 €

DU WILLST DEIN GELD SCHNELL LOSWERDEN?

Glücksspiel ist der sicherste Weg der Geldvernichtung! Casino- und Lotteriebetreiber*innen machen sich nämlich die Mathematik zunutze, damit die Spieler*innen meistens verlieren.

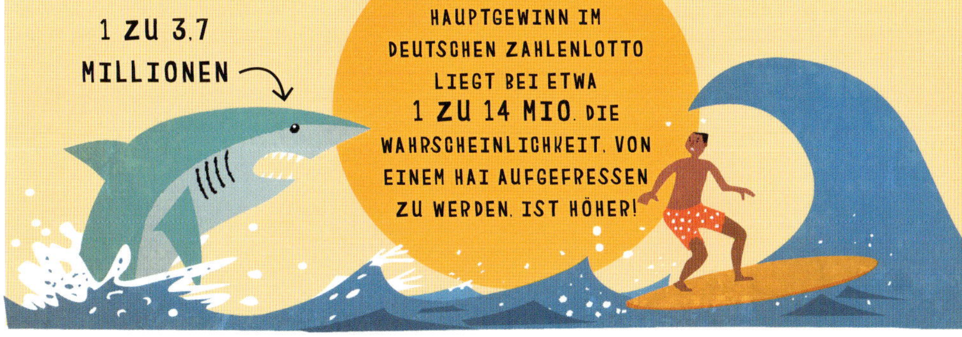

DIE CHANCE AUF DEN HAUPTGEWINN IM DEUTSCHEN ZAHLENLOTTO LIEGT BEI ETWA **1 ZU 14 MIO.** DIE WAHRSCHEINLICHKEIT, VON EINEM HAI AUFGEFRESSEN ZU WERDEN, IST HÖHER!

SPIELAUTOMATEN SIND SO PROGRAMMIERT, DASS SIE EINEN BESTIMMTEN PROZENTSATZ DES GELDES, DAS DIE LEUTE EINWERFEN, ALS GEWINN AUSBEZAHLEN. DIE MEISTEN SCHÜTTEN 90 % AN DIE SPIELENDEN AUS. WENN DU ALSO 10 € IN EINEN EINARMIGEN BANDITEN WIRFST, GEHST DU AM ENDE WAHRSCHEINLICH MIT 9 € NACH HAUSE.

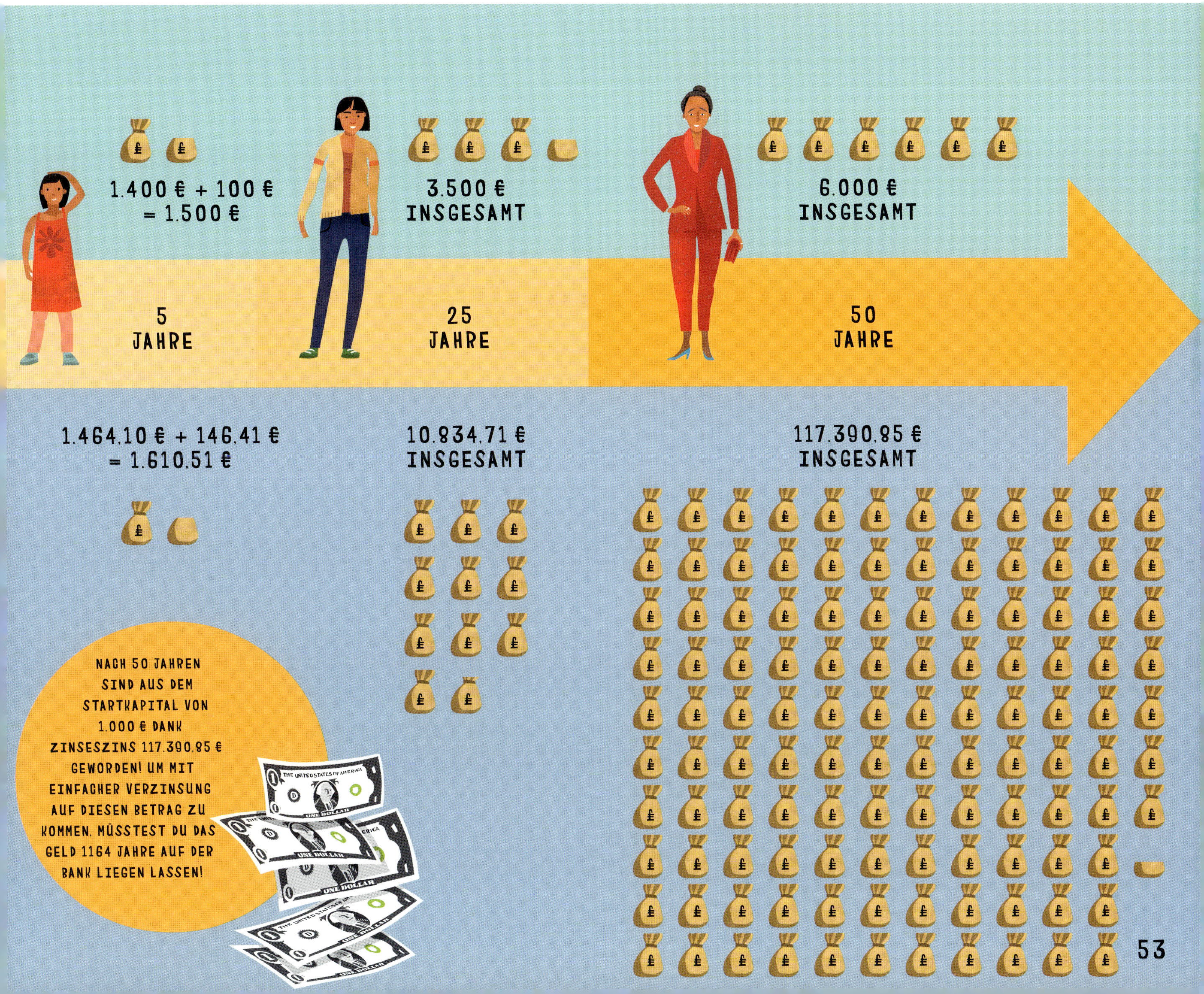

NACH 50 JAHREN SIND AUS DEM STARTKAPITAL VON 1.000 € DANK ZINSESZINS 117.390,85 € GEWORDEN! UM MIT EINFACHER VERZINSUNG AUF DIESEN BETRAG ZU KOMMEN, MÜSSTEST DU DAS GELD 1164 JAHRE AUF DER BANK LIEGEN LASSEN!

Das Geheimnis der Primzahlen

Primzahlen sind etwas Besonderes – sie stellen jeden, der sie ermitteln will, vor große Herausforderungen, verursachen bislang ungelöste mathematische Probleme und bewahren unsere wertvollsten Informationen.

DIE EINFACHSTEN ZAHLEN VON ALLEN

Primzahlen sind nur durch sich selbst und durch 1 ganzzahlig teilbar. Andere Zahlen können viele verschiedene Teiler haben, aber Primzahlen sind einfach gestrickt.

Beispiel: Die 5 ist eine Primzahl, denn sie ist nur durch 5 und 1 ganzzahlig teilbar. Wenn du die 5 durch eine andere Zahl teilst, erhältst du einen Bruch oder eine Kommazahl.

5÷1=5 ✓
5÷5=1 ✓
5÷2=2.5 ✗

Die 6 ist hingegen keine Primzahl, denn sie kann außer durch sich selbst und 1 auch durch 2 und 3 geteilt werden.

6÷1=6 ✓
6÷6=1 ✓
6÷2=3 ✓
6÷3=2 ✓

DIE ERSTEN SECHS PRIMZAHLEN LAUTEN 2, 3, 5, 7, 11 UND 13.

DIE 1 IST KEINE PRIMZAHL, DA SIE NUR DURCH 1 TEILBAR IST.

PRIMZAHLEN WERDEN SELTENER, JE GRÖSSER DIE ZAHLEN WERDEN, ABER SIE HÖREN NIE AUF!

Momentan (Stand: April 2021) ist die größte bekannte Primzahl $2^{82.589.933-1}$. Die Zahl hat 24.862.048 Stellen! Man fand sie im Zuge der „Great Internet Mersenne Prime Search“, einem gemeinschaftlichen Projekt, bei dem Tausende Freiwillige einem speziellen Programm zur Primzahlsuche die Rechenleistung ihrer Computer zur Verfügung stellten.

GROSSE OFFENE FRAGEN DER ZAHLENTHEORIE

Wie viele Primzahlen gibt es, deren Abstand 2 ist? Niemand weiß es! Die sogenannte Primzahlzwillingsvermutung geht davon aus, dass es unendlich viele solcher Primzahlen gibt. Die Vermutung wurde vor fast 200 Jahren aufgestellt, konnte aber noch nicht bewiesen werden.

DIE JAGD NACH PRIMZAHLEN

Je größer Primzahlen werden, desto schwerer sind sie zu finden. Denn ob eine Zahl eine Primzahl ist, lässt sich nur feststellen, indem man prüft, ob sie durch Zahlen, die kleiner sind als sie, teilbar ist. Zum Glück muss man sie nicht durch ALLE kleineren Zahlen teilen, denn es gibt einen Trick: das Sieb des Eratosthenes. Es funktioniert wie folgt:

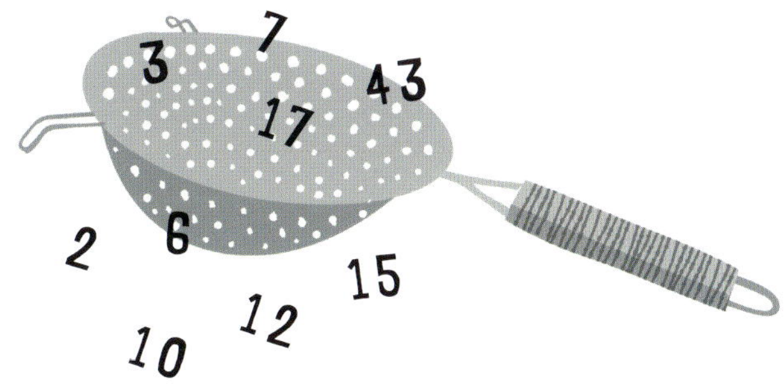

1. Prüfe, ob die Zahl durch eine kleinere Primzahl teilbar ist. Beginne mit der 2, dann 3, dann 5 usw.

2. Du kannst mit dem Teilen aufhören, sobald du eine Primzahl erreichst, deren Quadrat (also die Zahl mit sich selbst multipliziert) größer ist als die Zahl, die du überprüfst.

3. Wenn die Zahl, die du untersuchst, nicht durch diese letzte Zahl teilbar ist, ist sie eine Primzahl!

BEISPIEL: ANGENOMMEN, DU WILLST HERAUSFINDEN, OB 97 EINE PRIMZAHL IST.

Du prüfst, ob 97 durch kleinere Primzahlen teilbar ist. Du teilst sie durch 2, durch 3, durch 5 und durch 7. Aber die 11 oder größere Zahlen musst du nicht mehr ausprobieren, denn: $11^2 = 121$ (und das ist größer als 97).

1	2	3	4	5	6	7	8	9	10
11	12	13	14	15	16	17	18	19	20
21	22	23	24	25	26	27	28	29	30
31	32	33	34	35	36	37	38	39	40
41	42	43	44	45	46	47	48	49	50
51	52	53	54	55	56	57	58	59	60
61	62	63	64	65	66	67	68	69	70
71	72	73	74	75	76	77	78	79	80
81	82	83	84	85	86	87	88	89	90
91	92	93	94	95	96	97	98	99	100

DIE TABELLE ENTHÄLT DIE ZAHLEN VON 1 BIS 100. MANCHE SIND DURCH 2 TEILBAR (GRÜN), DURCH 3 (BLAU), DURCH 5 (ORANGE) ODER DURCH 7 (LILA). ALLE ZAHLEN, DIE ÜBRIG SIND, SIND PRIMZAHLEN – UND DIE 97 IST EINE VON IHNEN!

- TEILBAR DURCH 2
- TEILBAR DURCH 3
- TEILBAR DURCH 5
- TEILBAR DURCH 7

SICHER IST SICHER

Weil Primzahlen so schwer zu finden sind, eignen sie sich hervorragend als Passwörter! In der Kryptografie – die Wissenschaft der Verschlüsselung und Sicherheit von Informationen – werden mithilfe von Primzahlgeneratoren Geheimcodes erstellt, die niemand knacken kann. Diese Codes werden benutzt, um unsere persönlichen Daten im Internet zu schützen.

PRIMZAHLSTRATEGIE

Manche Zikadenarten schlüpfen nur alle 13 oder 17 Jahre, um sich fortzupflanzen. Dass es sich hierbei um Primzahlen handelt, ist kein Zufall! Wissenschaftler*innen glauben, dass die Zikaden auf diese Weise ihr Überleben sichern. Eine Zikade, die alle 12 Jahre schlüpft, läuft Gefahr, von Räubern gefressen zu werden, deren Lebenszyklus 2, 3, 4 oder 6 Jahre beträgt. Wenn sie aber nur alle 17 Jahre schlüpft, überschneidet sich ihre Lebensspanne seltener mit den geburtenstarken Jahrgängen ihrer Feinde, und sie wird seltener gefressen.

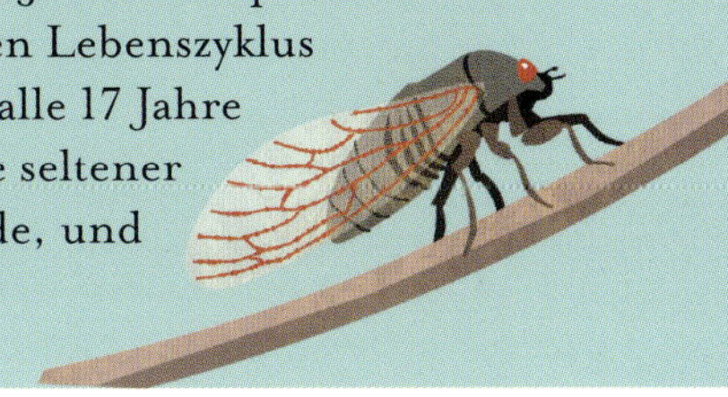

Formen im Weltall

Du glaubst, die Erde ist rund? Fast, aber nicht so ganz. Mathematiker*innen haben viele überraschende Formen im Weltraum entdeckt.

DIE FORM DER ERDE

Erkennst du den Unterschied zwischen den beiden Kugeln? Vielleicht denkst du, dass sie gleich aussehen, aber das stimmt nicht ganz.

Die rechte Kugel ist 0,3 % breiter als die linke. Auch wenn dieser Unterschied sehr klein ist, bedeutet er doch, dass die rechte Kugel eigentlich gar keine Kugel ist. Diese rundliche Form nennt man Rotationsellipsoid: Unser Planet ist an den Polen abgeplattet und um den Äquator am dicksten. Der Grund für diese besondere Form ist die Rotation der Erde.

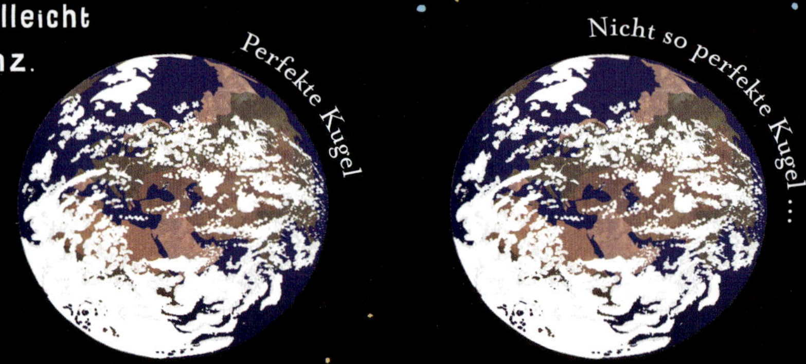

EWIGER DREHWURM

Wenn ein Objekt sich um sich selbst dreht, bewegen sich die äußeren Teile schneller als die innenliegenden. Das gilt für alles, das sich dreht – z. B. auch die Räder eines Fahrrads.

Indem die Erde sich dreht, versuchen die äußeren Teile des Planeten, mit dem Zentrum mitzuhalten.

Gleichzeitig zieht die Schwerkraft (auch Gravitation genannt) die äußeren Teile Richtung Erdmittelpunkt. Während die Gebiete rund um den Äquator sich immer schneller drehen, hält die Gravitation den Planeten zusammen.

Diese Krafteinwirkung führt dazu, dass die Erde sich ausbeult und die Form eines Ellipsoids annimmt. Alle Planeten und Sterne im Universum sind solche Rotationsellipsoide.

GRAVITATION IST DIE UNSICHTBARE KRAFT, DIE DAFÜR SORGT, DASS OBJEKTE IM WELTRAUM SICH GEGENSEITIG ANZIEHEN. AUF DER ERDE ZIEHT SIE OBJEKTE AUF DER OBERFLÄCHE RICHTUNG ERDMITTELPUNKT.

DIE GRAVITATION IST SCHULD, DASS DEIN MARMELADENBROT AUF DEN BODEN FÄLLT, WENN ES DIR AUS DER HAND RUTSCHT.

FORMEN ANDERER PLANETEN

Der **SATURN** ist der am wenigsten runde Planet unseres Sonnensystems. Er ist am Äquator fast 11 % breiter als von Pol zu Pol.

Die **VENUS** ist der rundeste Planet unseres Sonnensystems. Sie ist nur minimal abgeflacht und fast vollkommen rund.

GIBT ES WÜRFELFÖRMIGE PLANETEN IM ALL?

Nein, gibt es nicht. Aber warum eigentlich nicht?

Die Gravitation ist schuld! Planeten sind eine Art Ansammlung von Gestein und Gas, und die Schwerkraft zieht alle Gesteins- und Gasteilchen gleichmäßig Richtung Mittelpunkt, sodass eine Kugelform entsteht.

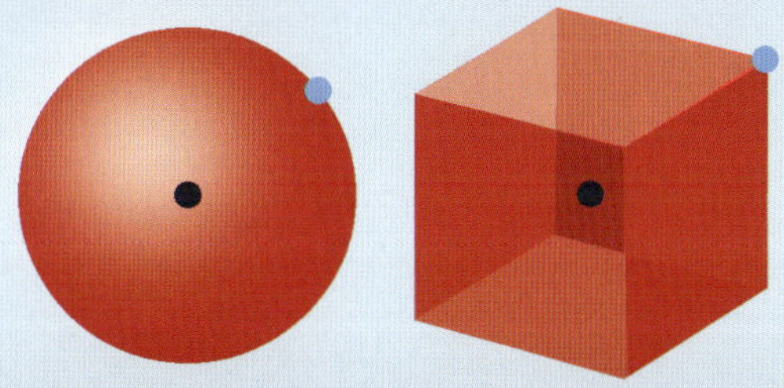

Auf einem würfelförmigen Planeten wären Teile des Planeten wie z.B. die Ecken weiter vom Zentrum entfernt als andere. Das wäre aber unmöglich – die Gravitation würde die Ecken Richtung Mittelpunkt ziehen, bis eine runde Form erreicht ist.

DIE FORM DER UMLAUFBAHN

Alle Planeten unseres Sonnensystems bewegen sich auf ovalen, besser gesagt ellipsenförmigen Umlaufbahnen um die Sonne. Während sie die Sonne umkreisen, schwankt ihre Entfernung von der Sonne.

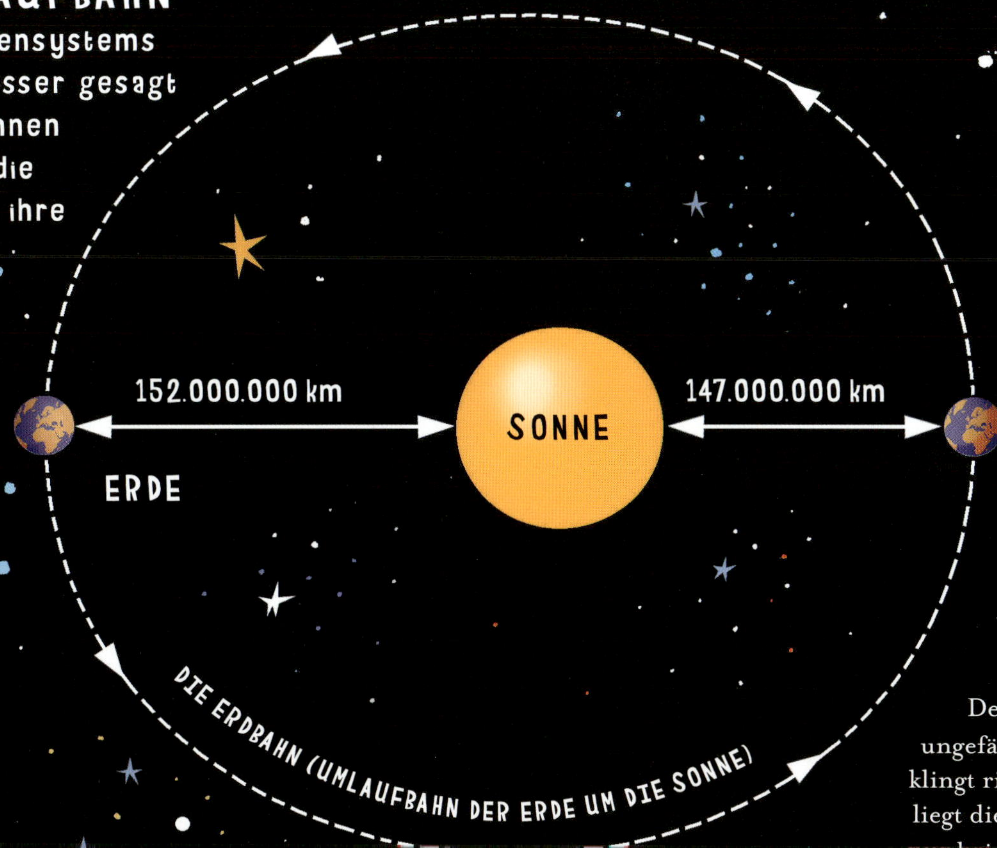

APHEL

An ihrem sonnenfernsten Bahnpunkt, dem Aphel, ist die Erde ca. **152.000.000 km** von der Sonne entfernt.

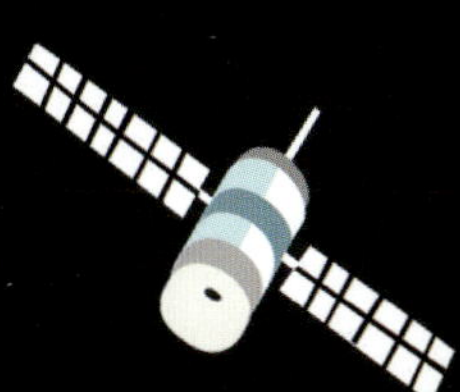

PERIHEL

Auf ihrem sonnennächsten Punkt auf ihrer Umlaufbahn, dem Perihel, ist die Erde etwa **147.000.000 km** von der Sonne entfernt.

Der Unterschied beträgt ungefähr **5 Millionen km**. Das klingt riesig, aber in Wirklichkeit liegt die Entfernungsdiskrepanz nur bei **3 %**, und das ist wirklich nicht viel!

DIE GESTALT DES UNIVERSUMS

Niemand kann mit Sicherheit sagen, welche Form das Universum hat.

FLACH

Manche gehen davon aus, dass das Universum flach ist. Würden zwei Raumschiffe Seite an Seite (parallel) fliegen, würden sie für immer weiterfliegen, ohne dass sich ihre Wege kreuzen.

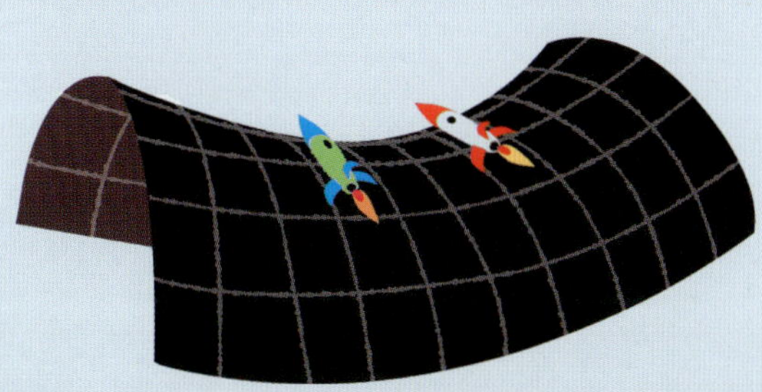

OFFEN

Andere stellen sich das Universum offen oder sattelförmig vor. Zwei Raumschiffe, die in einem solchen offenen Universum parallel zueinander fliegen, würden sich irgendwann voneinander weg bewegen.

GESCHLOSSEN

Eine andere Theorie besagt, das Universum sei geschlossen oder kugelförmig. Die Wege der beiden parallel fliegenden Raumschiffe würden sich irgendwann kreuzen, und dann gäbe es einen Zusammenstoß!

Mathe & Musik

Wie klingen zwei verschiedene Töne, wenn sie gleichzeitig gespielt werden? Oder zwei Rhythmen? Die Antwort liefern deine Ohren – und dein Taschenrechner! Mathe ist eng mit Musik verbunden.

MATHEMUSIKALISCHE MELODIEN Ist dir schon mal aufgefallen, dass manche Töne furchtbar schräg zusammen klingen, andere aber wunderschön? Alles eine Frage der richtigen Zahlenverhältnisse!

Klang besteht aus Schallwellen, die eine Klangquelle aussendet. Was wir als verschiedene Töne wahrnehmen, sind Schallwellen mit verschiedenen Frequenzen. Die Frequenz ist die Anzahl von Schwingungen pro Sekunde und wird in Hertz gemessen.

Jeder Ton einer Tonleiter hat eine bestimmte Frequenz. Bei Tönen, die zusammen einen schönen Klang ergeben, stehen die Frequenzen in einem kleinen ganzzahligen Verhältnis zueinander (das sich auch als Bruch darstellen lässt). Solche wohlklingenden Intervalle (Tonhöhenabstand zwischen zwei Tönen) sind beispielsweise:

OKTAVE

Eine Oktave besteht aus zwei identischen Tönen, aber einer ist höher als der andere – z. B. C und C, die ersten beiden Töne in „Somewhere Over the Rainbow“. In einer Oktave ist die Frequenz des höheren Tons doppelt so groß wie die Frequenz des tieferen (Verhältnis 2:1), sie passen daher perfekt zusammen.

$$261.6 \text{ HERTZ} \cdot \frac{2}{1} = 523.2 \text{ HERTZ}$$

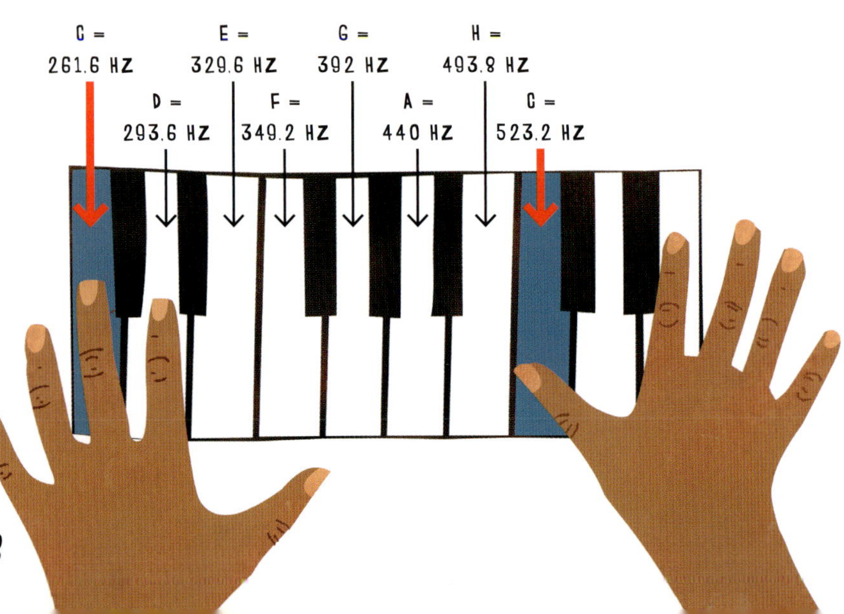

QUINTE

Eine Quinte ist ein Intervall, das fünf Tonstufen umspannt z. B. C und G, die ersten beiden Töne der Melodie von „Star Wars“. Die Frequenz des höheren Tons beträgt fast genau 3/2 des tieferen Tons. Dieses 3:2-Verhältnis ist der Grund, warum die Quinte so schön klingt.

$$262.6 \text{ HERTZ} \cdot \frac{3}{2} = 392.4 \text{ HERTZ}$$

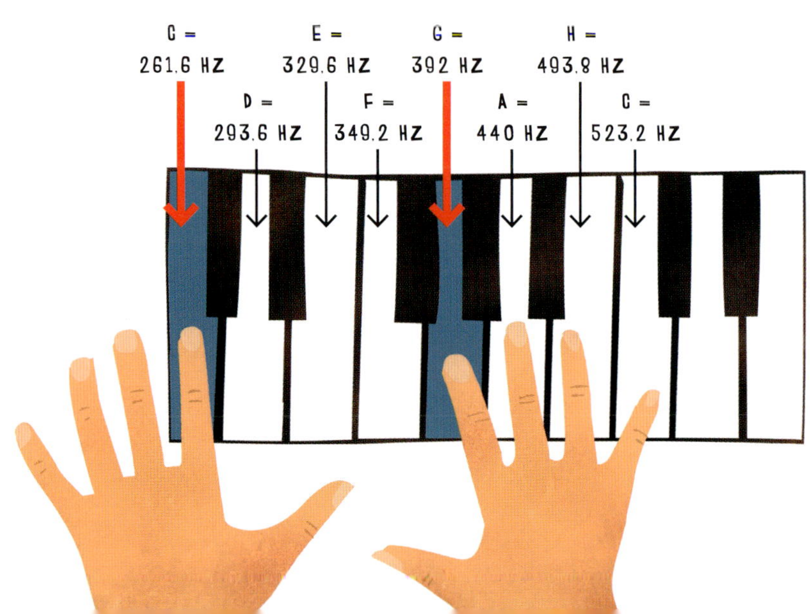

MATHE IM TAKT Noten lesen ist angewandte Mathematik! Und wenn du rechnen kannst, lernst du auch schnell, wie man Noten liest.

Die Notenwerte beschreiben die Dauer der Töne (im Verhältnis zu den anderen Notenwerten). Jede Note hat ein eigenes Symbol und eine eigene Bezeichnung. Eine ganze Note wird doppelt so lang gehalten wie eine halbe, diese wiederum doppelt so lang wie eine Viertelnote usw.

EIN PUNKT NACH EINER NOTE („PUNKTIERUNG") BEDEUTET, DASS SICH IHR WERT UM DIE HÄLFTE VERLÄNGERT. EINE PUNKTIERTE HALBE NOTE IST ALSO 1 1/2 MAL SO LANG WIE EINE HALBE NOTE.

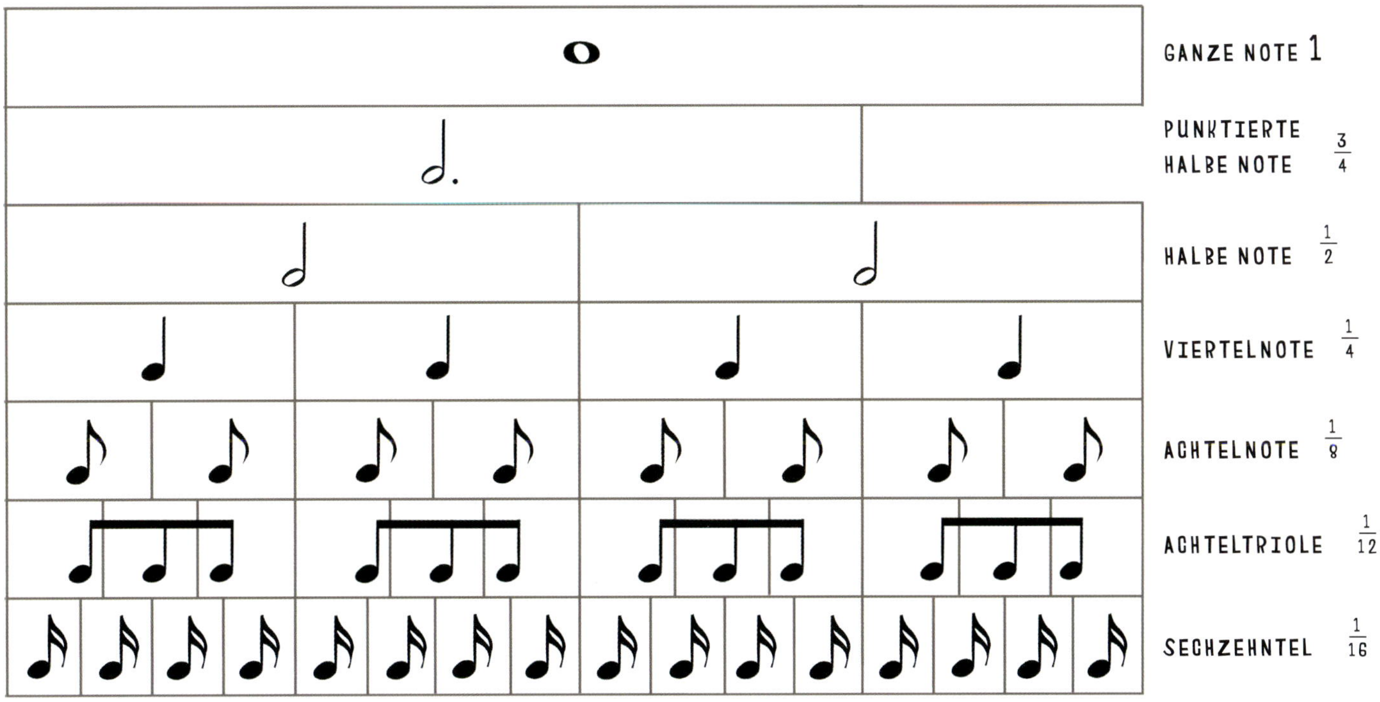

TAKTVORGABE

Der Bruch ohne Bruchstrich, der am Anfang eines Musikstücks steht, gibt die Taktart an. Die Zahlen verraten den Musiker*innen, wie viele Grundschläge oder Zählzeiten ein Takt hat und wie lang jede dieser Zählzeiten ist.

DJS SIND MATHEGENIES!

DJs legen vor Tanzpublikum Platten auf und mischen oft auch Songs ineinander. Damit die Leute einfach weitertanzen können, wenn ein Song vorbei ist und der nächste anfängt, passen sie die Geschwindigkeiten der beiden Songs aneinander an und sorgen für einen fast unmerklichen Übergang. Mit Mathe findest du den perfekten Beat!

Sportsgeist

Was hörst du aus Gesprächen am Rande von Sportplätzen heraus? Mathe! Spielstrategie, Analyse und häufig auch der Spielablauf bauen auf Mathematik auf.

FORMSACHE Der Ball ist nicht immer rund!

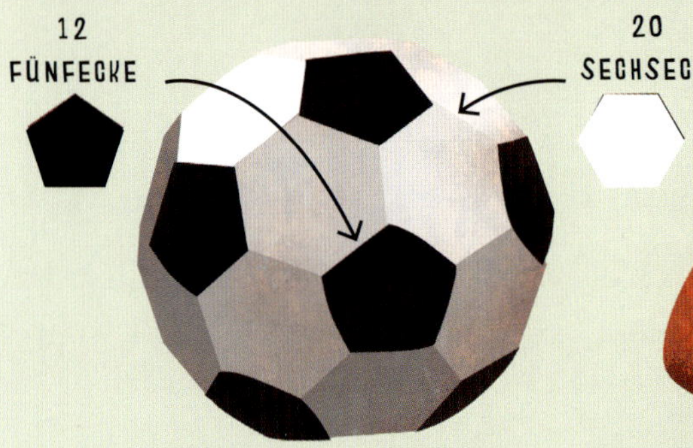

FUSSBALL = IKOSAEDERSTUMPF

AMERICAN-FOOTBALL- UND RUGBY-BÄLLE = VERLÄNGERTES ROTATIONSELLIPSOID

EISHOCKEY-PUCK = ZYLINDER

GOLFBÄLLE SIND NICHT VOLLKOMMEN RUND, SONDERN HABEN 300–500 KLEINE, 0,25 MM TIEFE DELLEN („DIMPLES") AUF DER OBERFLÄCHE, DIE WICHTIG FÜR DIE AERODYNAMIK SIND. GOLFBÄLLE MIT GLATTER OBERFLÄCHE FLIEGEN NUR ETWA HALB SO WEIT WIE BÄLLE MIT DELLEN.

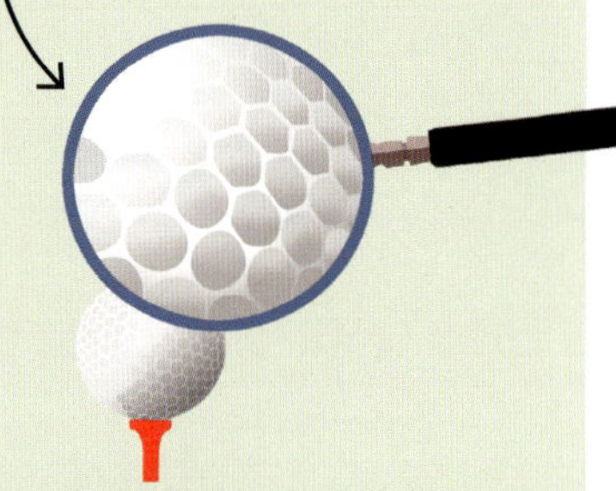

GOLFBALL = KUGEL MIT „DIMPLES"

SPORTSTATISTIKEN Ohne Statistik würde Sport keinen Spaß machen!

Fans verfolgen akribisch alle Siege und Niederlagen ihrer Mannschaft, die Ranglisten und Torrekorde. Mithilfe von Statistik entwickeln die Trainer*innen Gewinnstrategien.

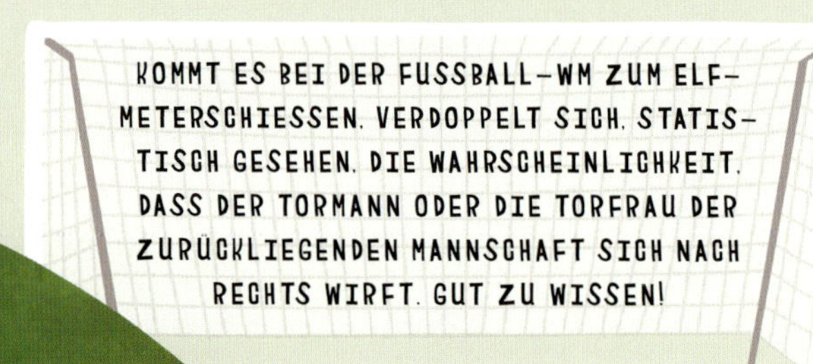

KOMMT ES BEI DER FUSSBALL-WM ZUM ELFMETERSCHIESSEN, VERDOPPELT SICH, STATISTISCH GESEHEN, DIE WAHRSCHEINLICHKEIT, DASS DER TORMANN ODER DIE TORFRAU DER ZURÜCKLIEGENDEN MANNSCHAFT SICH NACH RECHTS WIRFT. GUT ZU WISSEN!

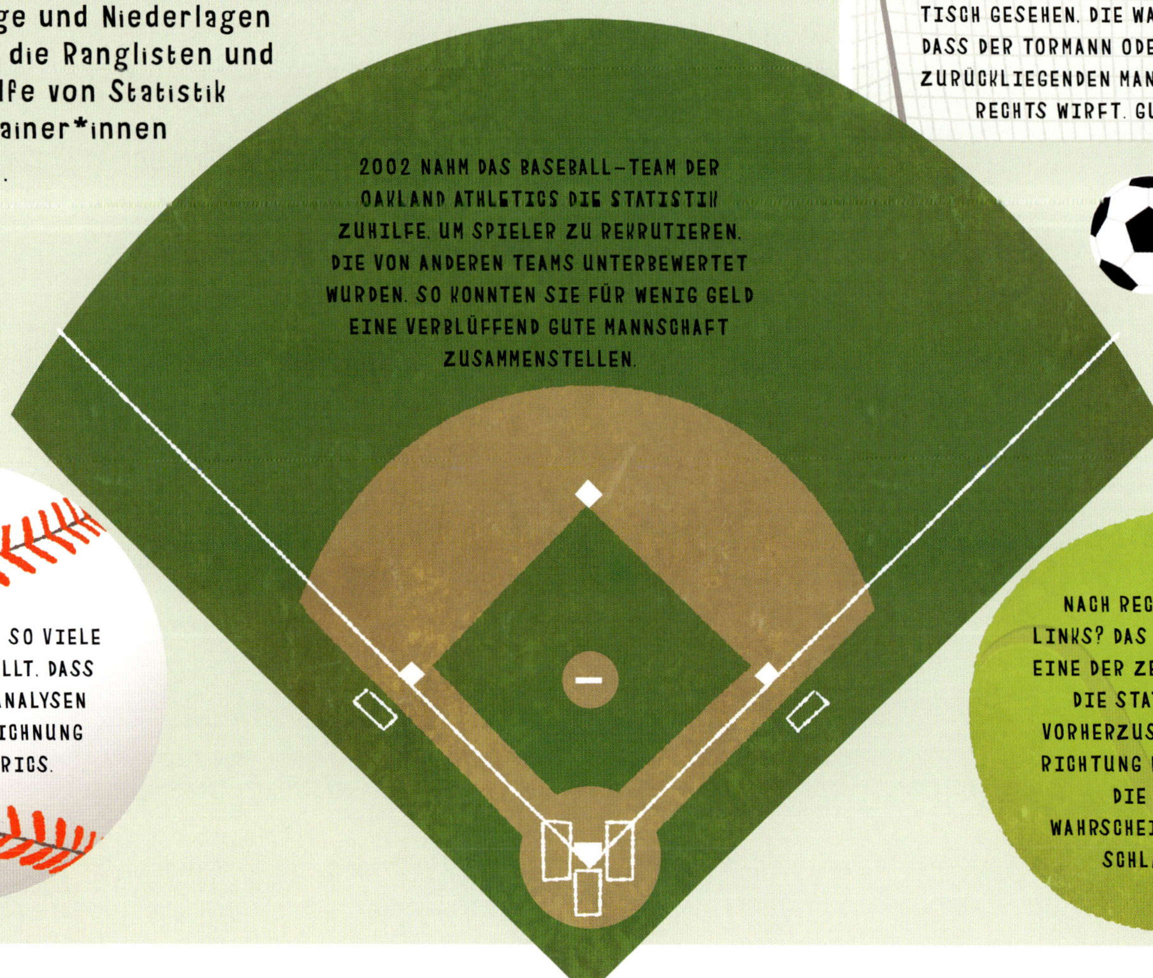

2002 NAHM DAS BASEBALL-TEAM DER OAKLAND ATHLETICS DIE STATISTIK ZUHILFE, UM SPIELER ZU REKRUTIEREN, DIE VON ANDEREN TEAMS UNTERBEWERTET WURDEN. SO KONNTEN SIE FÜR WENIG GELD EINE VERBLÜFFEND GUTE MANNSCHAFT ZUSAMMENSTELLEN.

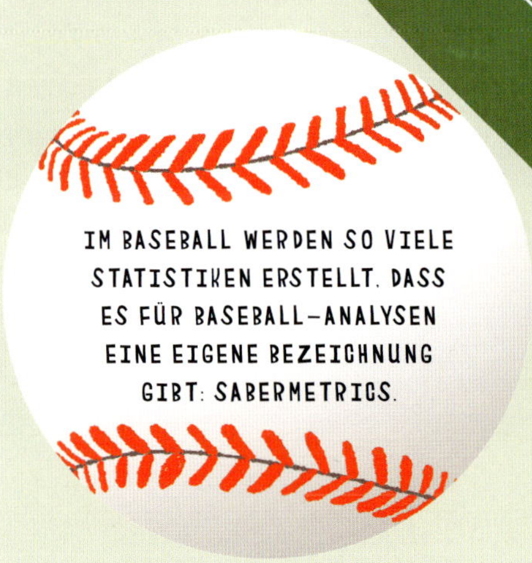

IM BASEBALL WERDEN SO VIELE STATISTIKEN ERSTELLT, DASS ES FÜR BASEBALL-ANALYSEN EINE EIGENE BEZEICHNUNG GIBT: SABERMETRICS.

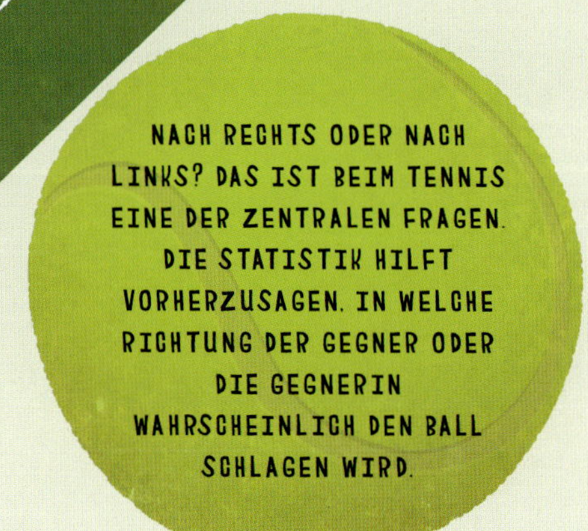

NACH RECHTS ODER NACH LINKS? DAS IST BEIM TENNIS EINE DER ZENTRALEN FRAGEN. DIE STATISTIK HILFT VORHERZUSAGEN, IN WELCHE RICHTUNG DER GEGNER ODER DIE GEGNERIN WAHRSCHEINLICH DEN BALL SCHLAGEN WIRD.

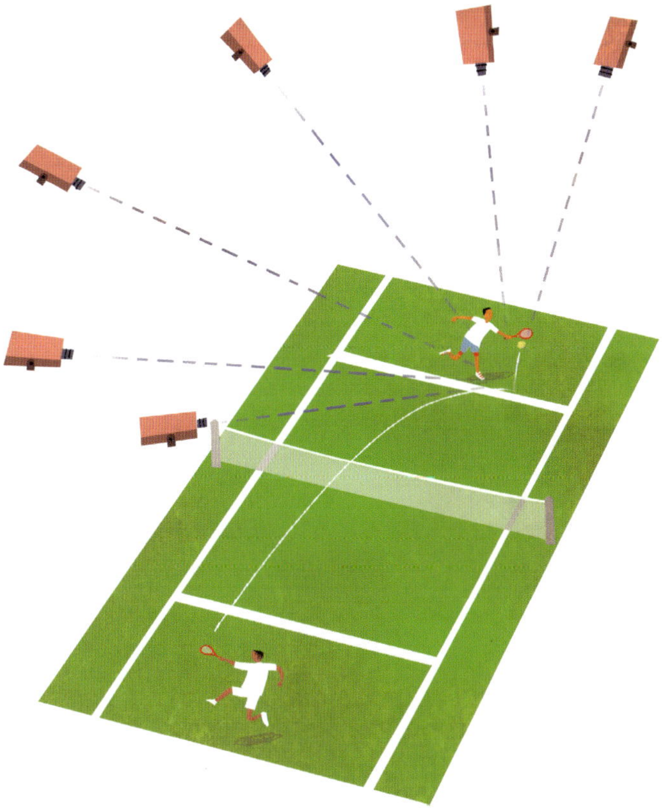

AUS ODER NICHT AUS?

Hawk-Eye („Falkenauge") ist ein computergestütztes System zur Ballverfolgung bei Tennis und anderen Sportarten. Kameras zeichnen das Spiel aus verschiedenen Blickwinkeln auf und ermitteln mithilfe von Trigonometrie – der Mathematik der Dreiecke und Winkelgrößen –, ob der Ball im Aus war.

WIE SCHNELL?

Usain Bolt gilt als der schnellste Mensch der Welt, seitdem er 2009 die 100 m in 9,58 Sekunden gelaufen ist. Ist dieser Rekord überhaupt noch zu brechen? Die Mathematik sagt: ja! Ein mathematisches Modell der Universität Stanford ergab, dass eine Zeit von 9,48 Sekunden möglich ist.

BESSER EINTAUCHEN

UM BEIM SCHWIMMWETTKAMPF GUT ABZUSCHNEIDEN, IST AUCH DER WINKEL WICHTIG, IN DEM DU INS WASSER EINTAUCHST.

Beim Freistilschwimmen beträgt der ideale Eintauchwinkel 40 Grad.

Beim Brustschwimmen ist ein etwas steilerer Winkel besser.

WIE VIELE TEAMS?

Sportliche Wettkämpfe fair zu gestalten, ist gar nicht so einfach! In einem Turnier spielen pro Runde immer zwei Mannschaften oder Spieler*innen gegeneinander. Am Ende einer Runde hat sich die Anzahl der Konkurrent*innen halbiert.

Soll die Anzahl an Spielen für alle Teilnehmenden gleich sein, ohne dass jemand übrig bleibt, muss in jeder Runde eine gerade Anzahl an Konkurrent*innen gegeneinander spielen. Tatsächlich funktionieren nur Zweierpotenzen, also Zahlen, die sich aus der wiederholten Multiplikation mit 2 ergeben (z. B. 4, 8, 16 und 32).

Begründung: Wenn du eine Zweierpotenz halbierst, erhältst du wieder eine Zweierpotenz. Du kannst die Anzahl der Teilnehmenden also so oft halbieren, bis nur noch die Gewinnerin oder der Gewinner übrig ist.

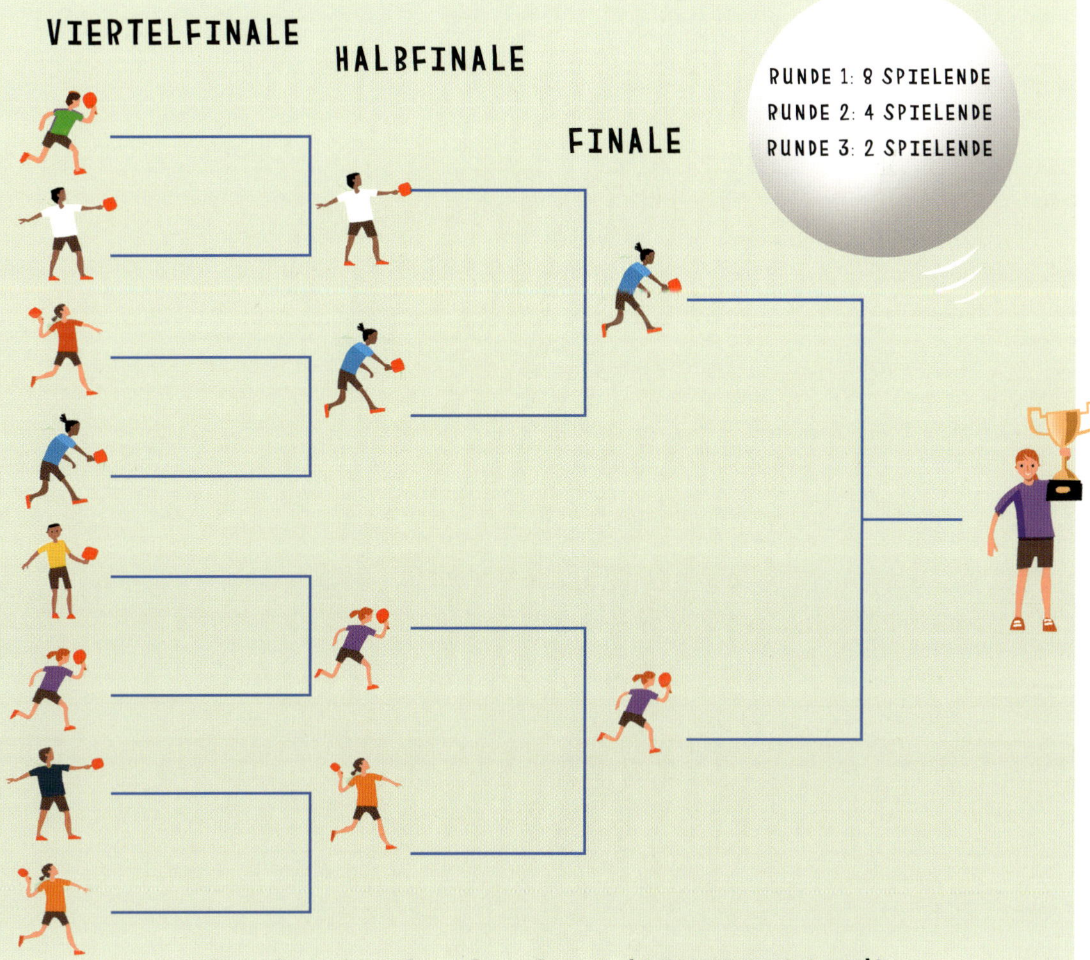

8 ÷ 2 = 4 ÷ 2 = 2 ÷ 2 = 1 (GEWINNER*IN!)

Verblüffende Mathefakten

Lass dir von niemandem weismachen, Mathe sei langweilig! Es gibt zahllose sonderbare, verrückte, erstaunliche Mathefakten – hier ist eine kleine Auswahl.

PERFEKTE MISCHUNG

Auch beim Kartenmischen ist 7 die ideale Zahl. Als beste Methode gilt das „Riffeln" (Bogenmischen): Stapel halbieren, in jede Hand eine Hälfte; die Karten nach innen wölben, mit den Daumen anheben, dann so von den Daumen schnalzen lassen, dass sie sich ineinander verzahnen. Am Ende die Hälften zusammenschieben. Nach siebenfachem Riffeln hast du ein wahrscheinlich absolut einmaliges Kartendeck!

GLEICHER GEBURTSTAG

In einem Raum mit 23 Personen stehen die Chancen 50:50, dass zwei am gleichen Tag geboren wurden. Bei 75 Personen liegt die Wahrscheinlichkeit sogar fast bei 100 %.

DER KLEINE UNTERSCHIED

Anhänger des antiken griechischen Mathematikers Pythagoras schrieben Zahlen ein Geschlecht zu: Ungerade Zahlen waren für sie männlich, gerade Zahlen weiblich. Kommt dir das seltsam vor? Experimente haben gezeigt, dass viele Menschen das heute noch genauso sehen!

BEVÖLKERUNGSGRÖSSE

Was ist die ideale Einwohnerzahl einer Stadt? Laut dem antiken griechischen Philosophen und Mathematiker Platon: 5.040, denn diese Zahl ist durch 59 verschiedene Zahlen teilbar. Mit so vielen Teilern können die 5.040 Einwohner*innen in alle möglichen kleineren Gruppen – Wahlbezirke, Gremien etc. – unterteilt werden, was Platon als sehr wichtig für eine Stadt erachtete.

EWIGE KRITZELEI

Du kannst ein quadratisches Blatt Papier mit einer einzigen Linie vollkommen ausfüllen, ohne dass Lücken bleiben! Linien, mit denen das möglich ist, nennt man „raumfüllende Kurven“. Das ist deswegen so bemerkenswert, weil Linien eindimensional sind: Sie haben nur eine Länge, keine Breite. Und trotzdem kann mit diesen Kurven eine zweidimensionale Fläche vollständig ausgefüllt werden.

SETZT MAN DIESES PRINZIP EWIG FORT, WIRD DAS QUADRAT AM ENDE KOMPLETT AUSGEFÜLLT SEIN, OHNE LÜCKEN DAZWISCHEN!

EINE DIESER RAUMFÜLLENDEN KURVEN IST DIE HILBERT-KURVE. SIE FOLGT EINEM EINFACHEN PRINZIP, DAS SICH IMMER AUFS NEUE WIEDERHOLT, IMMER UND IMMER WIEDER! DIE REGEL LAUTET:

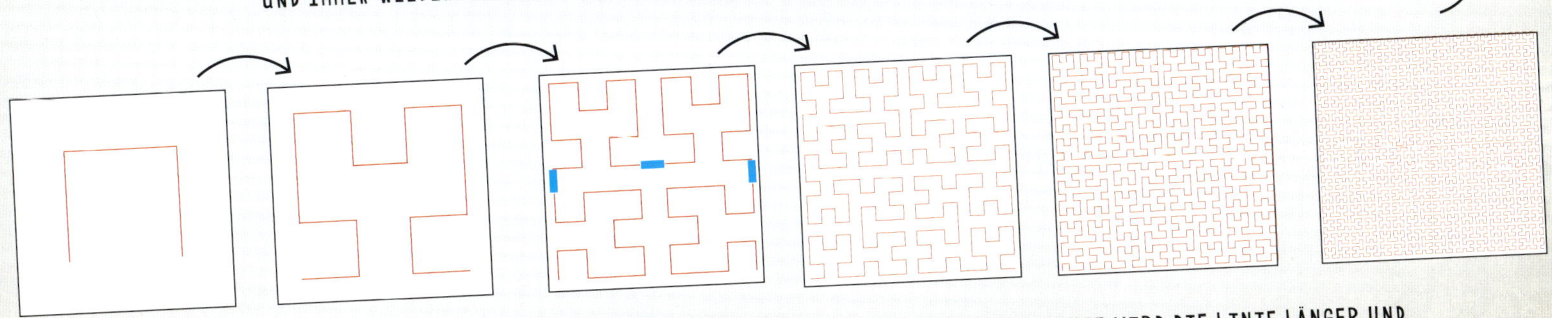

UM DIE NÄCHSTE STUFE ZU ERREICHEN, WIRD JEDE DIESER FORMEN …

… DURCH EINE SOLCHE ERSETZT …

… UND DANN WERDEN SIE MITEINANDER VERBUNDEN.

MIT JEDER STUFE WIRD DIE LINIE LÄNGER UND FÜLLT MEHR FLÄCHE AUF DEM PAPIER AUS.

FALTEN BIS ZUM MOND

Nimm ein normales Blatt Papier und falte es in der Mitte. Keine große Sache, oder? Aber wenn du es 42 Mal per Falz halbierst, wird das gefaltete Blatt so dick, dass es bis zum Mond reicht! Und nach weiteren 11 Faltungen reicht es bis zur Sonne! Sollte es jemandem gelingen, das Blatt 103 Mal in der Mitte zu falten, entspräche seine Dicke der Länge des beobachtbaren Universums.

ABER …

leider ist es unmöglich, ein normales Blatt Papier so oft in der Mitte zu falten. 2002 ersann die amerikanische Schülerin Britney Gallivan Gleichungen, um zu berechnen, wie oft ein Blatt je nach Länge, Breite und Dicke gefaltet werden kann. Um ein Stück Papier nur 12 Mal in der Mitte zu falten, müsste es 1200 Meter lang sein! Um also den Mond zu erreichen, bräuchtest du SEHR viel mehr Papier …

Leben ist Veränderung!

Wenn es sich bewegt, wächst, schrumpft oder unverändert bleibt, hat die Mathematik etwas dazu zu sagen! Die Analysis befasst sich mit Veränderungen aller Art.

WIE SCHNELL? WIE WEIT? Nehmen wir an, eine Familie fährt mit dem Auto zur Großmutter. Omas Haus ist 80 km entfernt, und sie wollen in einer Stunde dort sein. Um sich nicht zu verspäten, muss das Auto auf der gesamten Strecke im Schnitt 80 km/h fahren. Aber in der Stadt liegt die erlaubte Höchstgeschwindigkeit bei 50 km/h, und tanken müssen sie auch noch! Wie schafft es die Familie trotzdem, rechtzeitig anzukommen?

Vergiss nicht: 80 km/h ist nur der Mittelwert! Das Auto kann manche Teilstrecken langsamer, andere schneller fahren. Wie schnell wird das Auto also fahren, wann ändert sich die Geschwindigkeit? Das sind typische Analysisfragen.
Die Analysis untersucht, wie sich Dinge im Lauf der Zeit verändern. Du kannst berechnen, wie sich die Geschwindigkeit des Autos auf der Reise verändert, und wie es die Familie schafft, innerhalb einer Stunde bei der Großmutter einzutreffen, obwohl sie unterwegs mehrfach anhalten müssen.

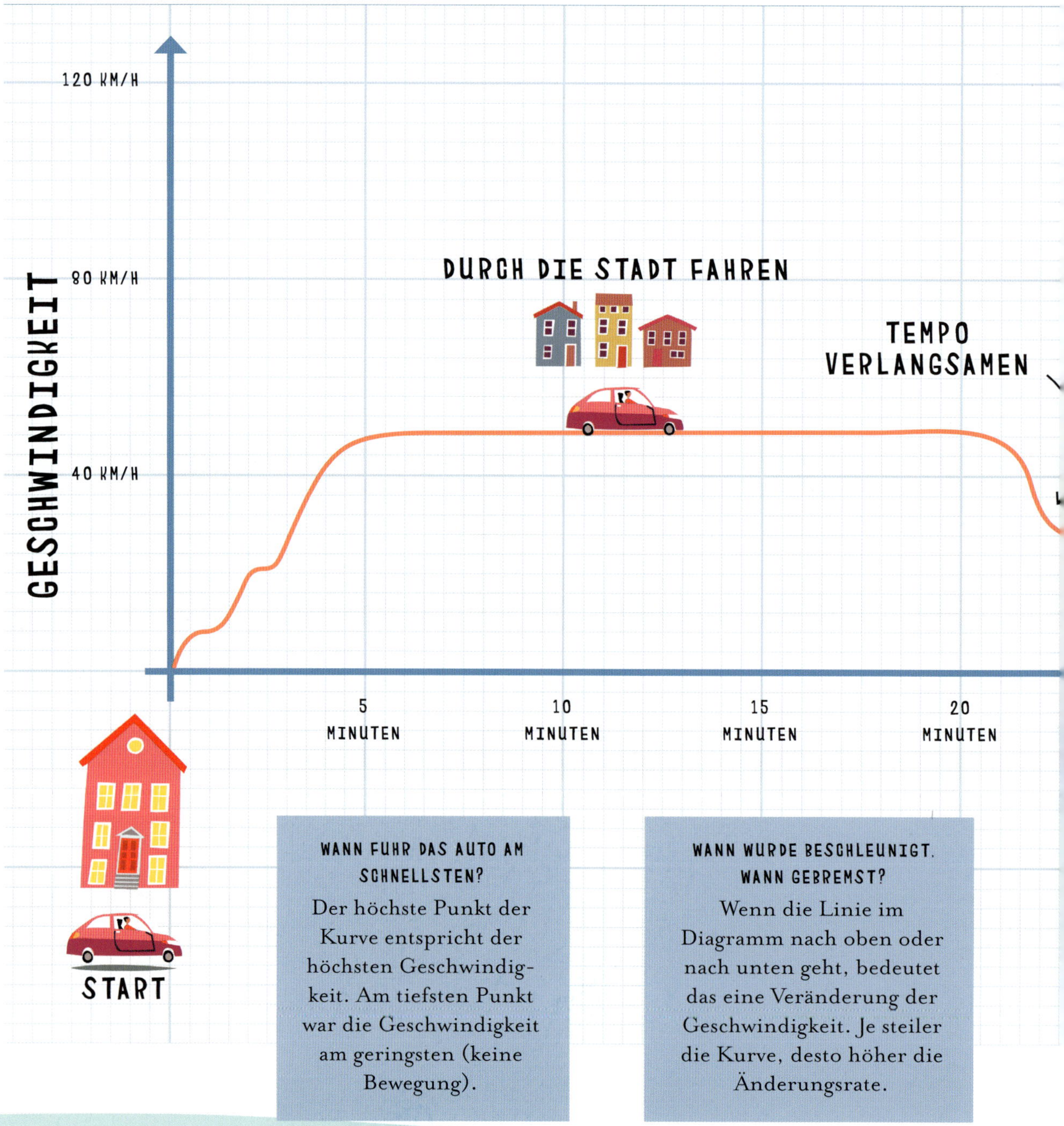

WANN FUHR DAS AUTO AM SCHNELLSTEN?
Der höchste Punkt der Kurve entspricht der höchsten Geschwindigkeit. Am tiefsten Punkt war die Geschwindigkeit am geringsten (keine Bewegung).

WANN WURDE BESCHLEUNIGT, WANN GEBREMST?
Wenn die Linie im Diagramm nach oben oder nach unten geht, bedeutet das eine Veränderung der Geschwindigkeit. Je steiler die Kurve, desto höher die Änderungsrate.

RUHMESHALLE DER ANALYSIS

Ohne diese herausragenden Mathematiker*innen wäre die Analysis nicht, was sie heute ist.

Der indische Mathematiker und Astronom **MADHAVA (ETWA 1350–1425)** lebte hundert Jahre vor der offiziellen „Erfindung“ der Analysis, aber er verwendete in seinen Texten viele Ideen, die in der modernen Analysis wichtig sind.

Der britische Naturforscher und Mathematiker **ISAAC NEWTON (1643–1727)** prägte im 17. Jahrhundert den Begriff der „Fluenten“ (zeitabhängige variable Größen),

ÜBERALL IST VERÄNDERUNG – UND ANALYSIS!

Die Analysis ist einer der nützlichsten Teilbereiche der Mathematik. Man braucht sie z. B. für …

… DIE VORHERSAGE, WIE VIEL GELD EINE FIRMA IM LAUFE DER ZEIT VERDIENT ODER GEWINNT.

… DIE VORHERSAGE DER BEVÖLKERUNGSENTWICKLUNG.

… DIE UNTERSUCHUNG DER PLANETEN- UND STERNENBEWEGUNG

… UND UM DIE WINDBEWEGUNGEN UND TEMPERATUR-VERÄNDERUNGEN IN DER ATMOSPHÄRE AUFZUZEICHNEN.

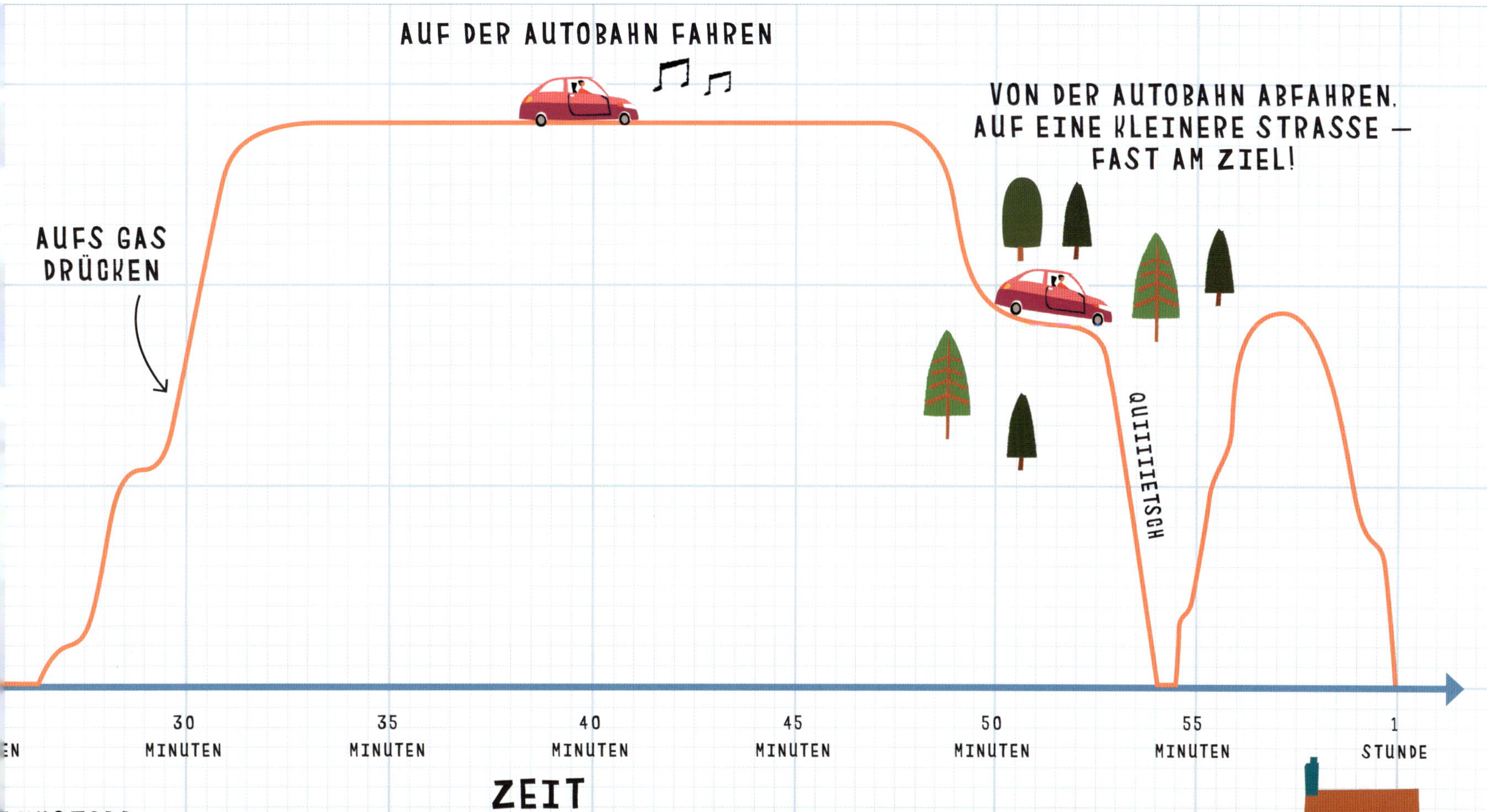

IN WELCHEM ABSCHNITT WURDE DIE GRÖSSTE ENTFERNUNG ZURÜCKGELEGT?

Die Kurve zeigt, dass das Auto genauso lange durch die Stadt wie auf der Autobahn gefahren ist. Sie zeigt aber auch, dass es auf der Autobahn schneller gefahren ist. Das bedeutet, dass auf der Autobahn die größere Strecke zurückgelegt wurde.

DIE KURVE ZEIGT, WIE SCHNELL UND WIE LANGE DAS AUTO FUHR. ZEIGT SIE AUCH DIE ZURÜCKGELEGTE STRECKE AN?

Nein, aber du kannst es ausrechnen! Die Fläche unterhalb der Kurve entspricht der Entfernung, die das Auto zurückgelegt hat.

… während der deutsche Mathematiker und Philosoph **GOTTFRIED WILHELM VON LEIBNIZ** (1646–1716) unabhängig von Newton zum gleichen Ergebnis kam, seine Methode aber „Differentialrechnung“ nannte!

Der Schweizer Mathematiker **LEONHARD EULER** (1707–1783)) entdeckte wichtige Lösungsmethoden für die Analysis.

MARIA GAETANA AGNESI (1718–1799) aus Italien schrieb als erste Frau ein mathematisches Lehrbuch – über die Grundlagen der Analysis!

Die US-amerikanische Mathematikerin **KATHERINE JOHNSON** (1918–2020) verwendete Analysis bei ihren Berechnungen für die NASA und ermöglichte es, Astronauten zum Mond zu schicken!

Mathe für Abergläubische

Auf der ganzen Welt glauben Menschen, dass bestimmte Zahlen Glück oder Pech bringen. Hast du auch eine Glückszahl?

DES EINEN GLÜCK, DES ANDEREN LEID Warst du schon einmal in einem Hochhaus, in dem die 4. oder 13. Etage übersprungen wurde? Hast du dich im Flugzeug gewundert, dass die Sitzreihen 13 bzw. 17 fehlen? Der Grund für diese Auslassungen ist, dass manche Leute überzeugt sind, bestimmte Zahlen brächten Unglück. Ein paar solcher Glücks- und Unglückszahlen wollen wir uns näher anschauen!

13:

NIEMAND WEISS, WIE SIE ZUR UNGLÜCKSZAHL WURDE, ABER DIE ANGST VOR DER 13 IST IN GANZ EUROPA UND DEN USA VERBREITET. EINE UMFRAGE ERGAB: 30 % ALLER DEUTSCHEN HALTEN FREITAG DEN 13. FÜR EINEN PECH-TAG! DIE ABERGLÄUBISCHE ANGST VOR DER 13 HAT SOGAR EINEN WISSENSCHAFTLICHEN NAMEN: TRISKAIDEKAPHOBIE.

4:

IN DEUTSCHLAND SOLL ES GLÜCK BRINGEN, EIN VIERBLÄTTRIGES KLEEBLATT ZU FINDEN.

GERADE & UNGERADE ZAHLEN

BEIM VERSCHENKEN EINES BLUMENSTRAUSSES SOLL MAN AUF EINE UNGERADE ANZAHL AN BLUMEN ACHTEN. BLUMEN IN GERADER ZAHL SIND Z. B. IN RUSSLAND BEERDIGUNGEN UND TRAUERFEIERN VORBEHALTEN UND WERDEN DAHER MIT TOD IN VERBINDUNG GEBRACHT.

4:

IN CHINA GILT DIE 4 ALS UNGLÜCKSZAHL, WEIL DAS DAZUGEHÖRIGE SCHRIFTZEICHEN FAST GENAUSO AUSGESPROCHEN WIRD WIE DAS WORT FÜR TOD.

7:

DIE 7 GILT IN TEILEN EUROPAS UND IN DEN USA ALS GLÜCKSZAHL. DIE WOCHE HAT 7 TAGE, DER REGENBOGEN 7 FARBEN, EINE TONLEITER 7 TÖNE, UND IN DER ANTIKE ZÄHLTE MAN 7 WELTWUNDER.

9:

IN JAPAN BRINGT DIE 9 UNGLÜCK, WEIL DAS JAPANISCHE WORT FÜR DIESE ZAHL GANZ ÄHNLICH AUSGESPROCHEN WIRD WIE DAS WORT FÜR „LEID". MIT DER 4 IST ES ÄHNLICH, DA DIESE – WIE AUCH IN CHINA – WIE DAS WORT FÜR „TOD" KLINGT.

17:

IN ITALIEN HEGT MAN VORBEHALTE GEGENÜBER DER 17. SCHREIBT MAN DIE ZAHL IN RÖMISCHEN ZIFFERN – XVII – UND ÄNDERT IHRE REIHENFOLGE, ERGIBT SICH VIXI, LATEINISCH FÜR „MEIN LEBEN IST VORÜBER".

8:

IN INDIEN GILT DIE 8 ALS UNGLÜCKSZAHL, UND AUCH ZAHLEN, DEREN QUERSUMME 8 ERGIBT, WIE Z. B. 17 UND 26, BRINGEN ANGEBLICH PECH.

9:

IN THAILAND GILT DIE 9 ALS GLÜCKSZAHL, WEIL DAS WORT FÜR SIE ÄHNLICH KLINGT WIE DAS WORT FÜR „FORTSCHRITT". ZU BUDDHISTISCHEN HOCHZEITEN UND ANDEREN FEIERLICHKEITEN WERDEN HÄUFIG 9 MÖNCHE EINGELADEN, UND ALS IN BANGKOK DIE U-BAHN ERÖFFNET WURDE, ERHIELTEN DIE ERSTEN 99.999 PASSAGIERE GESCHENKE.

8:

IN CHINA IST DIE 8 ALLGEGENWÄRTIGE GLÜCKSZAHL. SIE WIRD MIT REICHTUM UND EHEGLÜCK IN VERBINDUNG GEBRACHT. DIE OLYMPISCHEN SPIELE IN PEKING WURDEN PASSENDERWEISE AM 8.8.2008 UM 8.08 UHR ORTSZEIT ERÖFFNET.

VORSICHT YAKUDOSHI-JAHR!

In der japanischen Kultur bringt es einem Mann Unglück, 25, 42 oder 61 Jahre alt zu sein, während Frauen eher mit 19, 33 oder 37 Pech haben. Diese sogenannten Yakudoshi-Jahre sollen besonders unglücksbehaftet sein, und auch die Jahre direkt davor oder danach – miese Aussichten für Frauen zwischen 30 und 40!

ERSCHRECKENDE ZAHLEN

Um 520 v. Chr. machte der griechische Mathematiker Hippasos von Metapont eine beunruhigende Entdeckung: Die Quadratwurzel aus 2 war keine ganze Zahl, noch nicht einmal ein Quotient zweier ganzer Zahlen, sondern das, was wir heute eine „irrationale Zahl“ nennen – eine Zahl, die nicht als gemeiner Bruch dargestellt werden kann. Hippasos gehörte im antiken Griechenland der Bewegung der Pythagoreer an. Sie waren sehr abergläubisch und überzeugt, das Universum könne nur auf ganzen Zahlen und den aus ihnen zu bildenden Verhältnissen (= Brüchen) basieren. Die Existenz irrationaler Zahlen war für sie undenkbar. Angeblich waren sie über Hippasos' Entdeckung derart schockiert, dass sie ihn ertränkten!

GLÜCK GEHABT!

Ist die 7 deine Glückszahl? Und was ist mit 9 und 31? In der Mathematik sind sie allesamt Glückszahlen – nicht, weil sie jemandem Glück bringen, sondern weil sie am Ende des folgenden Prozesses übrigbleiben:

SCHREIBE DER REIHE NACH GANZE ZAHLEN AUF, BEGINNEND MIT DER 1.

1	2	3	4	5	6	7	8	9	10	11	12	13	14	15	16	17	18	19	20	21	22	23	24	25	26	27	28	29	30	31	32	33

UND SO WEITER ...

STREICHE JEDE ZWEITE ZAHL, SODASS NUR UNGERADE ZAHLEN ÜBRIGBLEIBEN.

1		3		5		7		9		11		13		15		17		19		21		23		25		27		29		31		33

STREICHE NUN JEDE DRITTE ZAHL, DIE NOCH ÜBRIGGEBLIEBEN IST.

1		3				7		9				13		15				19		21				25		27				31		33

VON DEN VERBLIEBENEN ZAHLEN FOLGT AUF DIE 3 DIE 7, ALSO STREICHST DU NUN JEDE SIEBTE ZAHL.

1		3				7		9				13		15						21				25		27				31		33

VON DEN VERBLIEBENEN ZAHLEN FOLGT AUF DIE 7 DIE 9, SOMIT STREICHST DU JEDE NEUNTE ZAHL.

1		3				7		9				13		15						21				25						31		33

UND SO WEITER ... DIE ZAHLEN, DIE ÜBRIGBLEIBEN, SIND GLÜCKSZAHLEN, DENN SIE HABEN DIE STREICHUNGEN ÜBERSTANDEN!

Dazu gibt es ein Theorem?!

Hast du dich je gefragt, wie es wäre, die Haare einer Kokosnuss zu kämmen? Die Mathematik liefert Antworten auf diese und andere abstruse Fragen!

SATZ VOM GEKÄMMTEN IGEL

Egal, wie viel Mühe du dir beim Kämmen gibst – irgendwo stehen immer Haare ab. Diese Gesetzmäßigkeit beschreibt der sogenannte „Satz vom (gekämmten) Igel". Er beweist, dass es bei einer Kugel, die rundum komplett mit Haaren bedeckt ist, unmöglich ist, diese Haare so zu kämmen, dass alle flach anliegen. Dies gilt für jede haarige Kugelform, ob Kokosnuss oder zusammengerollter Igel! Einen haarigen Donut jedoch könntest du problemlos glatt kämmen.

SCHINKEN-SANDWICH-THEOREM

Zwei Scheiben Brot und eine Scheibe Schinken schweben durchs Weltall. Zwei hungrige Astronaut*innen möchten die Sandwich-Zutaten gerecht untereinander aufteilen, dürfen aber nur einen einzigen Schnitt machen. Kann das funktionieren? Die Schinken-Sandwich-Theorie sagt: Ja! Wenn du dich jetzt fragst, wo hier das Problem liegt, mache dir bewusst, dass das Brot und der Schinken irgendwo im All umherfliegen, vielleicht Lichtjahre voneinander entfernt – und trotzdem ist es möglich, mit einem einzigen Schnitt (und einem sehr, sehr langen Messer) die Zutaten gleichmäßig aufzuteilen!

VIER-FARBEN-SATZ

Du möchtest eine USA-Karte so anmalen, dass die Bundesstaaten verschiedene Farben haben. Dabei dürfen zwei Staaten mit einer gemeinsamen Grenze nicht die gleiche Farbe haben. Du hast nur vier verschiedene Buntstifte. Funktioniert das? Ja! Der Vier-Farben-Satz besagt, dass man nie mehr als vier verschiedene Farben benötigt, um die verschiedenen Regionen einer Landkarte so einzufärben, dass nicht zwei benachbarte Regionen die gleiche Farbe haben.

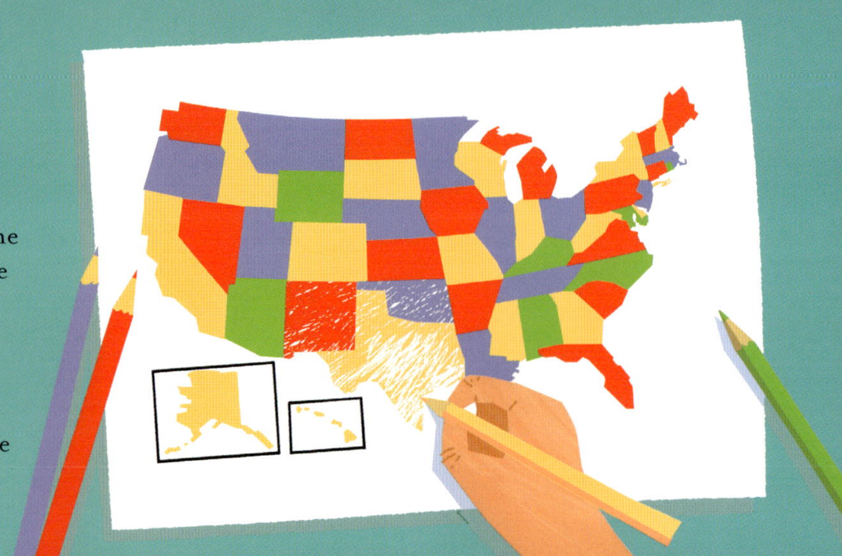

DAS FOLD-AND-CUT-PROBLEM

Mit nur einem Schnitt kannst du jede beliebige Form mit geraden Kanten aus einem Stück Papier ausschneiden! Diese verblüffende Tatsache beruht auf dem sogenannten Fold-and-Cut-Theorem. Einfache Formen wie Quadrate und Sechsecke, aber auch kompliziertere wie fünfzackige Sterne, Schmetterlinge, ja sogar die Buchstaben des Alphabets kannst du mit einem Schnitt erzeugen, sofern du das Papier vorher entsprechend präzise gefaltet hast.

ANLEITUNG FÜR EINEN FÜNFZACKIGEN STERN:

1: FALTE EIN RECHTECKIGES BLATT PAPIER SO IN DER MITTE, DASS DIE KURZEN SEITEN AUFEINANDER LIEGEN. DIE OFFENE SEITE ZEIGT NACH RECHTS.

2: FALTE DIE LINKE UNTERE ECKE ZUR MITTE DER OBEREN KANTE.

3: FALTE DIE UNTERE KANTE (ROT MARKIERT) SO, ... DASS SIE IN EINER LINIE MIT DIESER KANTE (BLAU MARKIERT) IST.

4: FALTE DEN TEIL, DER HIER BLAU GEFÄRBT IST, NACH HINTEN, VON DIR WEG.

5: SCHNEIDE DIE SPITZE ENTLANG DER GESTRICHELTEN LINIE AB.

6: FALTE DAS KLEINERE STÜCK PAPIER AUSEINANDER – FERTIG IST DEIN STERN!

BEWEISE ES! **Ein mathematischer Satz oder Theorem ist eine logische Aussage, deren Wahrheitsgehalt mithilfe von mathematischen Beweisen belegt wurde. Das bedeutet, Mathematiker*innen greifen auf formale Logik oder Beweise in Form von Worten, Symbolen oder Abbildungen zurück, um darzulegen, dass eine Aussage stimmt.**

Den längsten mathematischen Beweis, der je geschrieben wurde, verfasste 2013 ein Supercomputer. Er ist so lang, dass ein Mensch 10 Milliarden Jahre bräuchte, um ihn zu lesen.

Mit den beiden Abbildungen rechts wird eines der bekanntesten Theoreme bewiesen: der Satz des Pythagoras. Er besagt, dass die beiden weißen Quadrate oben zusammengenommen die gleiche Fläche haben wie das größere weiße Quadrat unten. Erkennst du, warum die Abbildungen diesen Nachweis erbringen?

Ziemlich paradox!

Ein Paradox ist eine Aussage, die sich selbst zu widersprechen scheint oder logisch betrachtet keinen Sinn ergibt. Die verrückte Welt der Mathematik ist voller Dinge, die widersprüchlich oder absurd erscheinen, aber mathematisch erklärbar sind.

ZENONS TRUGSCHLUSS Im antiken Griechenland forderte eine Schildkröte den Helden Achilles zu einem Wettlauf über 100 m heraus. Absurd, dachte Achilles, der doppelt so schnell laufen konnte wie die Schildkröte! Aber diese argumentierte so überzeugend, dass sie mit einem Vorsprung von 20 m gewinnen könne, dass Achilles seine Niederlage eingestand, bevor das Rennen überhaupt begann. Die Schildkröte argumentierte wie folgt:

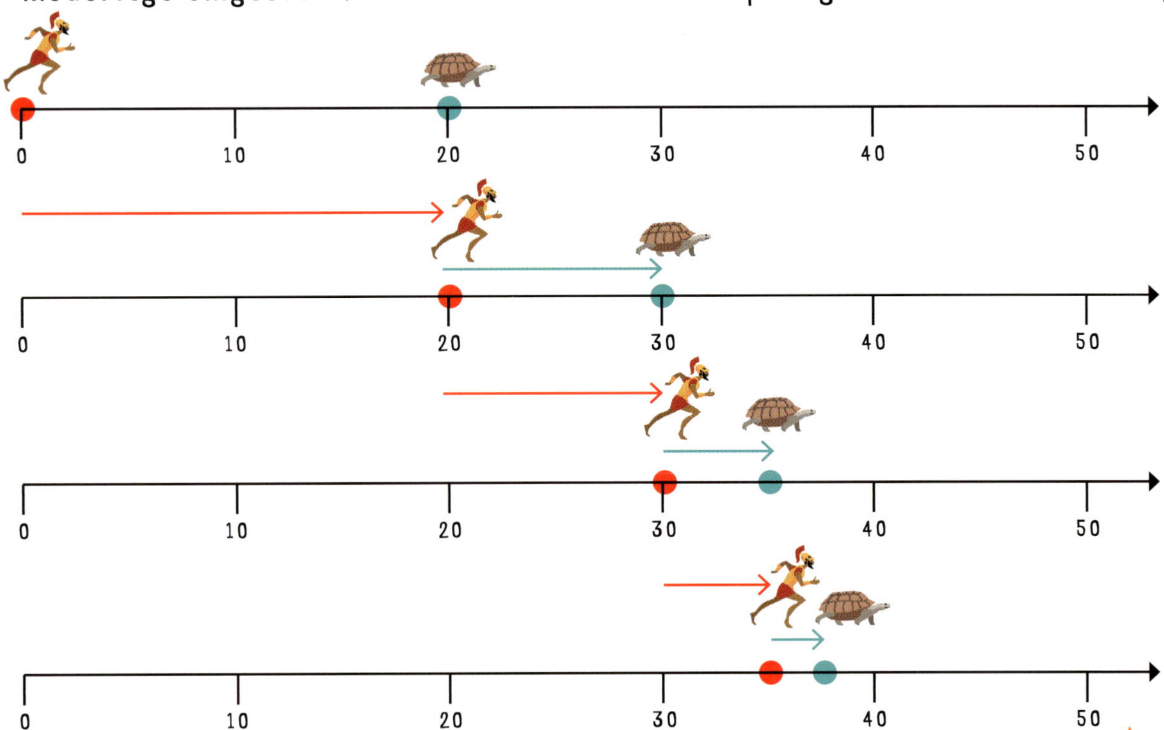

DIE SCHILDKRÖTE STARTET MIT 20 M VORSPRUNG.

DER STARTSCHUSS FÄLLT. ACHILLES LÄUFT LOS, UM DIE SCHILDKRÖTE EINZUHOLEN, DIE ABER IN DIESER ZEIT 10 M GELAUFEN IST.

ACHILLES RENNT WEITER, UM DIE NEUE LÜCKE ZU SCHLIESSEN. ABER IN DIESER ZEIT LÄUFT DIE SCHILDKRÖTE WEITERE 5 M UND IST IMMER NOCH VORNE.

ACHILLES HOLT WEITER AUF, ABER AUCH DIE SCHILDKRÖTE LÄUFT WEITER, DIESES MAL NUR 2,5 M. DOCH SIE LIEGT NACH WIE VOR IN FÜHRUNG.

Dieser Argumentation zufolge würde Achilles die Schildkröte nie einholen, obwohl er doppelt so schnell läuft wie sie – sobald er den Punkt erreicht, an dem die Schildkröte gerade eben noch war, ist die Schildkröte bereits weitergelaufen.

DAS ERGIBT IRGENDWIE KEINEN SINN, ODER?

RÄTSEL GELÖST!

Dieses berühmte Rätsel wurde nach dem antiken griechischen Philosophen Zenon benannt. Die Argumentation der Schildkröte klingt zunächst plausibel, aber in Wirklichkeit funktioniert ein Wettlauf so nicht. Jedes Mal, wenn Achilles aufholt und die Schildkröte weiterläuft, reduziert sich nicht nur der Abstand zwischen ihnen, sondern auch die Zeit, die nötig ist, um die Lücke ganz zu schließen. Die Infinitesimalrechnung, ein Teilgebiet der Analysis, verrät uns, dass am Ende kein Abstand mehr da ist und Achilles die Schildkröte überholt.

Um zu belegen, dass Achilles gewinnt, kann man z. B. die Zeit vergleichen, die beide benötigen, um ins Ziel zu kommen. Da Achilles doppelt so schnell ist wie die Schildkröte, kann er in der Zeit, in der diese 50 m läuft, 100 m zurücklegen. Wenn Achilles also die Ziellinie überquert, hat die Schildkröte noch 30 m vor sich.

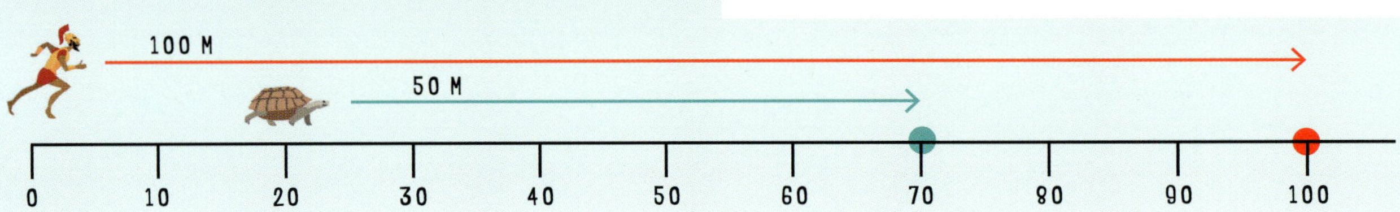

SCHEINPARADOX

Das verlorene Quadrat ist ein verblüffendes Scheinparadoxon, bei dem durch das Umlegen der Teilfiguren der Eindruck entsteht, ein Stück sei verschwunden.

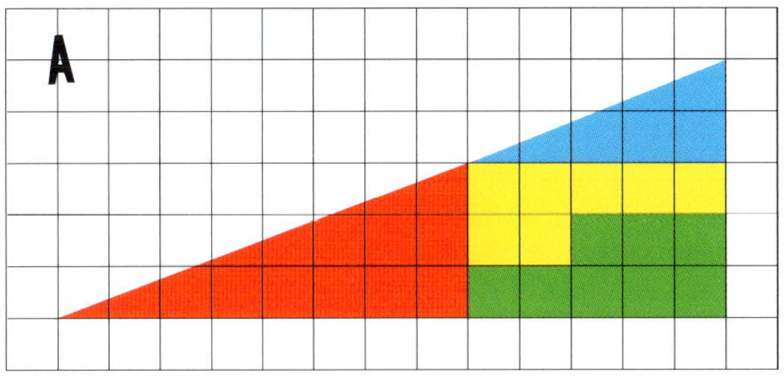

DIE VIER PUZZLETEILE BILDEN ZUSAMMEN EIN DREIECK, DAS AUF DEM RASTER 5 QUADRATE HOCH UND 13 QUADRATE BREIT IST.

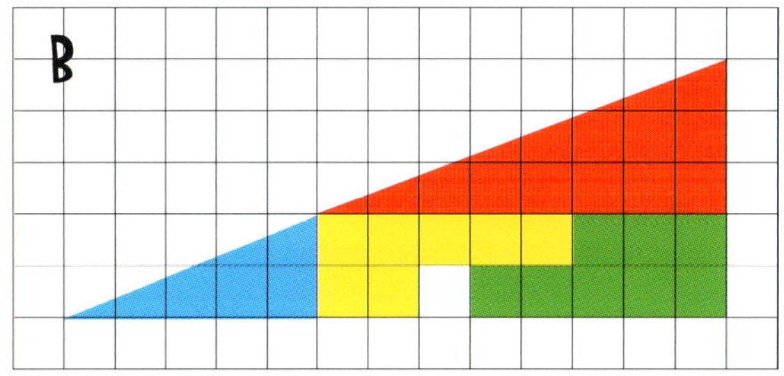

ORDNET MAN DIE TEILE JEDOCH ANDERS AN, FÜLLEN SIE DAS GLEICHE 5-AUF-13-DREIECK, ABER ES BLEIBT EIN QUADRAT FREI!

WIE KANN DAS SEIN?

RÄTSEL GELÖST!

Die Mathematik hilft, dieses Scheinparadox aufzuklären. Die „Dreiecke“ auf den beiden Abbildungen sind eigentlich gar keine Dreiecke, sondern sehen nur so aus. Ihre längste Seite (die „Hypotenuse“) ist nämlich keine gerade Linie: Auf der Abbildung links ist sie leicht nach unten gebogen, während sie rechts eine leichte Krümmung nach oben aufweist.

DER SCHEINBAR KLEINE UNTERSCHIED ZWISCHEN DEN BEIDEN DREIECKEN IST GROSS GENUG, UM DAS „FEHLENDE“ QUADRAT AUSZUFÜLLEN!

JUNGE ODER MÄDCHEN?

Diese Familie hat zwei Kinder.

EIN KIND IST EIN JUNGE.

WIE WAHRSCHEINLICH IST ES, DASS AUCH DAS ZWEITE KIND EIN JUNGE IST?

Intuitiv würden wir auf 1:2 tippen, denn schließlich sind Kinder ungefähr je zur Hälfte Jungen und Mädchen. In Wirklichkeit liegt die Wahrscheinlichkeit, dass auch das zweite Kind ein Junge ist, aber nur bei 1:3.

DAS ERSCHEINT UNLOGISCH, ODER? ES IST EIN PARADOXON!

RÄTSEL GELÖST!

Dieses sogenannte Junge-oder-Mädchen-Problem kann mithilfe der Wahrscheinlichkeitsrechnung beantwortet werden.

Bei zwei Geschwistern gibt es vier mögliche Kombinationen:

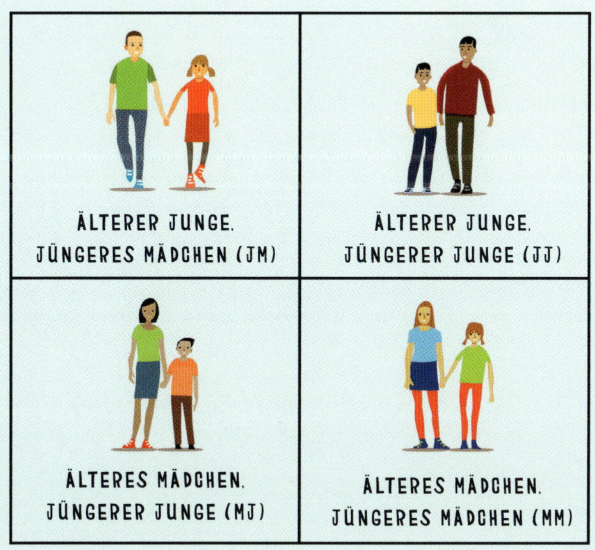

Da wir wissen, dass die Familie bereits einen Jungen hat, können wir die Option „MM“ ausschließen. Somit bleiben drei Möglichkeiten übrig: JJ, JM und MJ. In zwei von diesen drei Optionen (JM und MJ) hat der Junge eine Schwester. Das heißt, die Chance, dass das fragliche Kind ein Mädchen ist, beträgt 2:3, und nur in einem von drei Fällen (1:3) ist dieses Kind ein Junge.

Wie stehen die Chancen?

In der Welt der Wahrscheinlichkeitstheorie ist vieles möglich, aber nur wenig wirklich wahrscheinlich!

FIFTY-FIFTY? **Wenn du eine Münze wirfst, haben Kopf und Zahl die gleiche Chance, oben zu liegen. Aber was passiert, wenn du die Münze 10 Mal hintereinander wirfst?**

Unten siehst du drei Reihen, die die Ergebnisse von je 10 Münzwürfen auflisten. Bei einer Reihe wurde die Münze tatsächlich geworfen, die anderen Ergebnisse sind frei erfunden. Erkennst du die echten Münzwürfe?

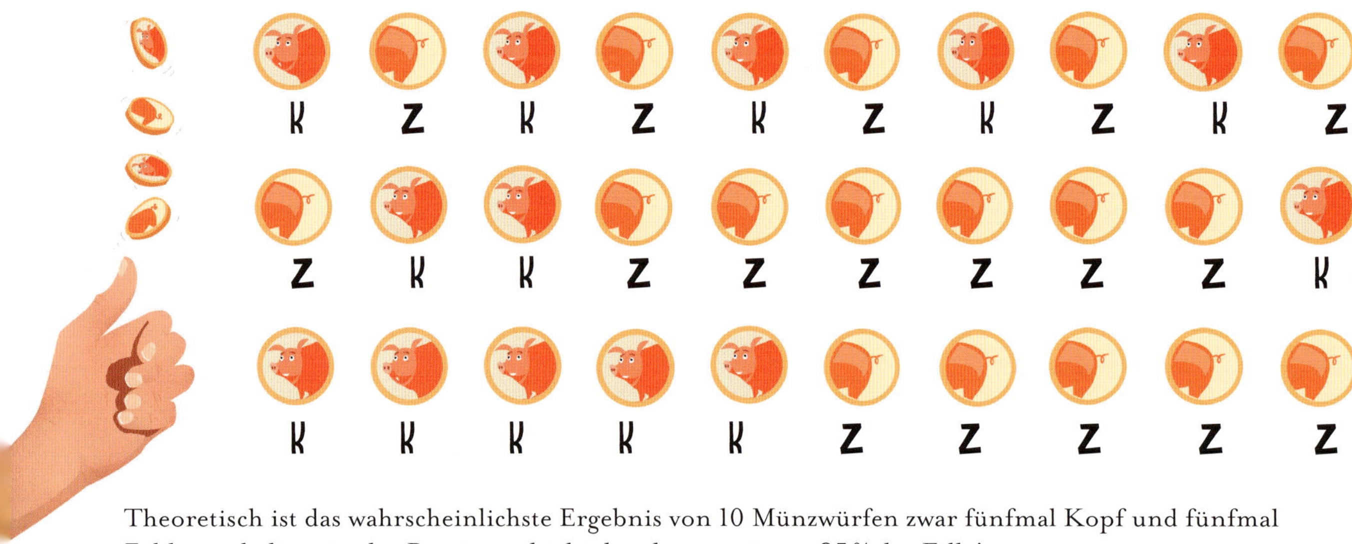

K Z K Z K Z K Z K Z

Z K K Z Z Z Z Z Z K

K K K K K Z Z Z Z Z

DIE ZWEITE REIHE IST DIE ECHTE, OBWOHL SIE DIE EINZIGE IST, BEI DER NICHT GENAU FÜNFMAL KOPF UND FÜNFMAL ZAHL FIELEN.

Theoretisch ist das wahrscheinlichste Ergebnis von 10 Münzwürfen zwar fünfmal Kopf und fünfmal Zahl zu erhalten, in der Praxis geschieht das aber nur in ca. 25 % der Fälle!

GLÜCKSZAHL SIEBEN **Dass die 7 weithin als die Zahl gilt, die am meisten Glück bringt, liegt am Würfelspiel: Wirft man zwei Würfel, ist die Wahrscheinlichkeit, dass ihre Augen 7 ergeben, am größten.**

Sechs verschiedene Kombinationen ergeben 7:

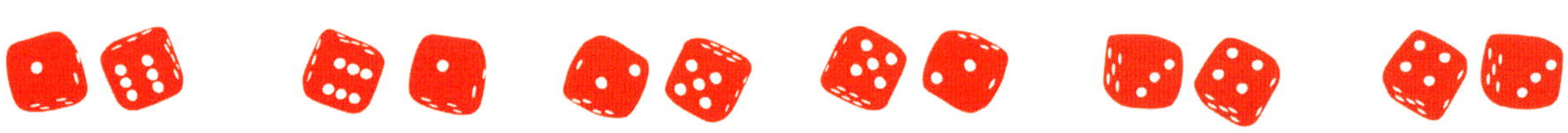

1 UND 6 — 6 UND 1 — 2 UND 5 — 5 UND 2 — 3 UND 4 — 4 UND 3

Aber 12 gibt es nur mit zwei Sechsen:

6 UND 6

Von den 36 möglichen Kombinationen beim Spiel mit zwei Würfeln ergeben sechs Kombinationen die Summe 7. Die Chancen stehen demnach 6 zu 36 (bzw. 1 zu 6).

DER FAIRSTE WÜRFEL

Damit ein Würfel als fair bezeichnet werden kann, muss jede seiner Zahlen mit der gleichen Wahrscheinlichkeit geworfen werden können. Alle Würfelflächen müssen die gleiche Form haben, gleich groß und symmetrisch angeordnet sein. Der größte Würfel der Welt hat 120 Grundflächen und die Form eines Hexakisikosaeders (auch Disdyakistriacontaeder genannt).

WIE STEHEN DIE CHANCEN?

Wie hoch ist das Risiko, von einem Blitz getroffen zu werden? Wie wahrscheinlich ist es, dass du 100 Jahre alt wirst?

ZU DEINEN LEBZEITEN VON EINEM METEORITEN GETROFFEN WERDEN

1 zu 20 Billionen

LOTTOGEWINN

Die Chance auf einen Sechser im deutschen Zahlenlotto liegt bei eins zu 14 Millionen. Beim 1-Milliarde-Dollar-Jackpot 2018 in den USA lag die Wahrscheinlichkeit bei 1 zu 88 Billiarden!

BLITZSCHLAG

In Deutschland liegt die Wahrscheinlichkeit, vom Blitz getroffen zu werden, etwa bei 1 zu 20 Millionen.

WELCHE TÜR NIMMST DU?

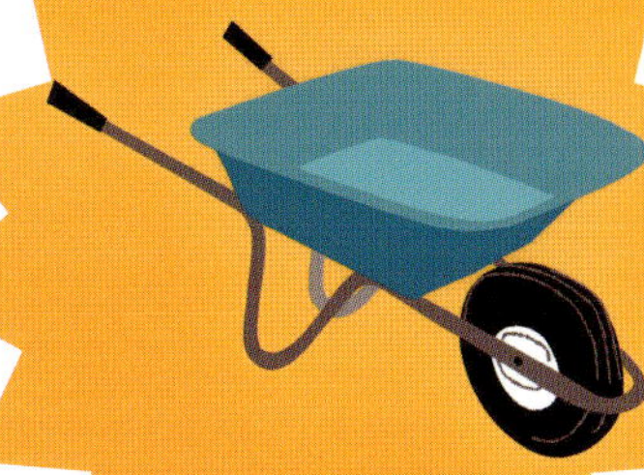

DU NIMMST AN EINER SPIELSHOW TEIL! Du siehst drei verschlossene Türen. Hinter einer verbirgt sich ein schickes Fahrrad, hinter den beiden anderen nur eine Schubkarre. Du entscheidest dich für Tür 1. Der Showmaster öffnet daraufhin eine der beiden anderen Türen. Dort steht eine Schubkarre. Dann stellt er dich vor die Wahl: Willst du dich umentscheiden und von Tür 1 zu einer anderen Tür wechseln? Was erhöht die Gewinnchancen – bei Tür 1 bleiben oder wechseln?

Diese Aufgabe zur Wahrscheinlichkeitstheorie ist als „Ziegenproblem" bekannt. Wenn du denkst, dass die Gewinnchance in beiden Fällen 1:2 beträgt, egal, ob du bei Tür 1 bleibst oder eine andere Tür nimmst, dann bist du in guter Gesellschaft. Auch viele Mathematiker*innen glauben das. Die besten Chancen hast du aber, wenn du deine Entscheidung änderst! Dann liegt die Wahrscheinlichkeit, das Fahrrad zu gewinnen, nämlich bei 2:3. Aber warum?
Diese Tabelle zeigt die mögliche Verteilung von Schubkarren und Rad auf die Türen. In zwei von drei Szenarien gewinnst du das Rad, wenn du dich umentscheidest.

SAVANTS LÖSUNG

Die US-amerikanische Kolumnistin Marilyn vos Savant fand 1990 die Lösung für das Ziegenproblem. Tausende von Leuten, auch Mathematiker*innen, schrieben ihr, sie liege falsch, aber sie blieb bei ihrer Lösung – und behielt Recht!

	HINTER TÜR 1 (DEINE ERSTE WAHL)	HINTER TÜR 2	HINTER TÜR 3	DER SHOW-MASTER ZEIGT DIR ...	ERGEBNIS, WENN DU BEI TÜR 1 (DEINE ERSTE WAHL) BLEIBST	ERGEBNIS, WENN DU EINE ANDERE TÜR NIMMST
SZENARIO 1				TÜR 2	DU GEWINNST DIE SCHUBKARRE. 	DU WECHSELST ZU TÜR 3 – UND GEWINNST DAS FAHRRAD! 
SZENARIO 2				TÜR 3	DU GEWINNST DIE SCHUBKARRE. 	DU WECHSELST ZU TÜR 2 – UND GEWINNST DAS FAHRRAD! 
SZENARIO 3			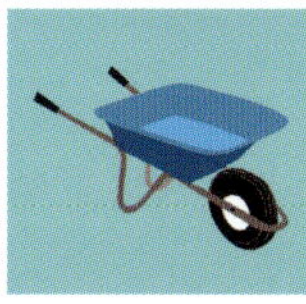	TÜR 2 ODER TÜR 3	DU GEWINNST DAS FAHRRAD! 	DU WECHSELST ZU TÜR 2 ODER 3 – UND GEWINNST EINE SCHUBKARRE. 

VIERBLÄTTRIGES KLEEBLATT

Ungefähr 1 von 10.000 Kleeblättern ist vierblättrig.

LEBENSERWARTUNG

Wer heute geboren wird, hat eine über 50-prozentige Wahrscheinlichkeit, 100 Jahre alt zu werden.

INSEKTEN VERSPEISEN

Man schätzt, dass wir jedes Jahr durchschnittlich etwa 198 Gramm an Insektenteilen verschlucken. Die Chance, dass du in diesem Jahr ungewollt bereits ein Insekt verspeist hast, ist also hoch!

In den besten Kreisen

Räder, die rollen, aber nicht rund sind? Ballons, deren Innenseite man nach außen kehren kann, ohne ein Loch hineinzuschneiden? Die Mathematik dreht am Rad!

WARUM SIND BLASEN IMMER RUND?

Selbst wenn du die Seifenlauge durch eine drei- oder viereckige Form pustest, kommt immer eine runde Seifenblase heraus. Warum?

Die Seifenhaut, die die äußere Oberfläche der Seifenblase bildet, nimmt die Gestalt an, bei der so viel Luft wie möglich eingeschlossen werden kann, ohne dabei zu platzen. Und die Form, die das größtmögliche Volumen fassen kann, dafür aber nur die kleinstmögliche Fläche aufwenden muss, ist … eine Kugel! Jede andere Form mit einer gleich großen Seifenfilm-Oberfläche würde weniger Luft einschließen.

SCHNITTMENGEN

Mit einem Mengendiagramm lassen sich Beziehungen zwischen verschiedenen Objektgruppen („Mengen") anschaulich darstellen.

Hier siehst du die Beziehung zwischen „rote Lebensmittel" und „Obst" als Mengendiagramm mit zwei Kreisen:

DORT, WO SICH DIE BEIDEN MENGEN ÜBERSCHNEIDEN, BEFINDEN SICH DIE „ROTEN FRÜCHTE" – HMMM, LECKER!

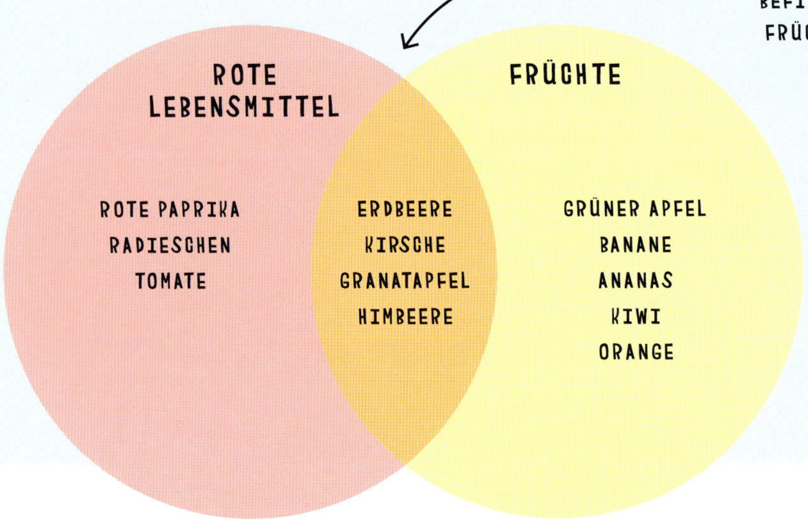

Venn-Diagramme mit zwei oder drei Kreisen hast du vielleicht schon gezeichnet, aber mit vier? Wahrscheinlich nicht, denn das ist unmöglich! Vier Kreise können nicht so dargestellt werden, dass alle Kreise sich in allen möglichen Kombinationen überlappen. In dieser Abbildung z. B. gibt es keine Fläche, wo nur der rote und der blaue Kreis oder nur der gelbe und der grüne überlappen.

Ein Venn-Diagramm muss alle möglichen Kombinationen von Flächenüberlappungen der vertretenen Mengen darstellen – auch wenn sich gar kein Objekt darin befindet – und symmetrisch sein.

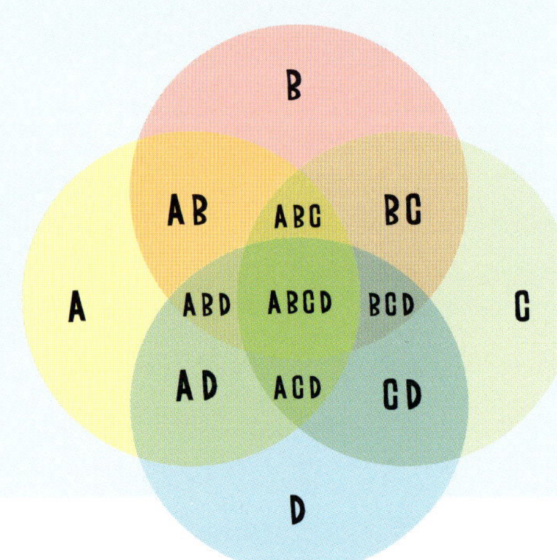

LÄUFT ALLES RUND?

Damit ein Gebilde rollen kann, muss es nicht rund sein!

Ein Reuleaux-Dreieck ist die Form im Zentrum dreier sich überschneidender Kreise. Es hat drei Ecken und drei Seiten, wie ein Dreieck, aber gleichzeitig auch, wie ein Kreis, eine konstante Breite. Und … es rollt!

Warum also sind unsere Räder immer kreisförmig und nie Reuleaux-Dreiecke?

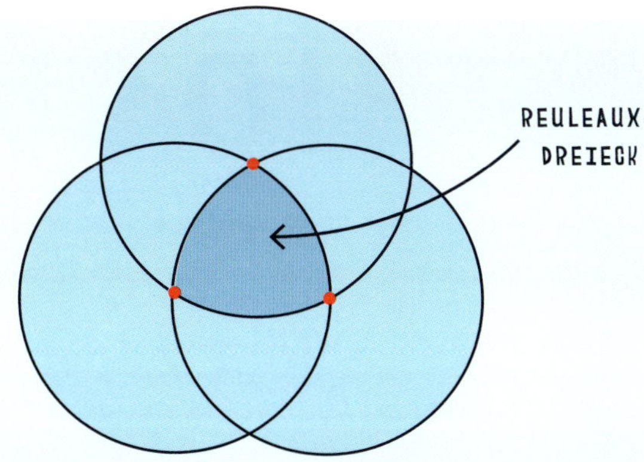

EIN KREIS DREHT SICH BEIM ROLLEN UM EINEN FESTEN, GLEICHBLEIBENDEN PUNKT.

WENN EIN REULEAUX-DREIECK ROLLT, BEFINDET SICH DAS ZENTRUM DES DREIECKS NICHT IMMER IN DER GLEICHEN HÖHE. DADURCH WIRD DIE FAHRT SEHR HOLPRIG!

WENN VIER MENGEN BETEILIGT SIND, MUSST DU ELLIPSEN STATT KREISE ZEICHNEN, UM DIE BEDINGUNG ZU ERFÜLLEN.

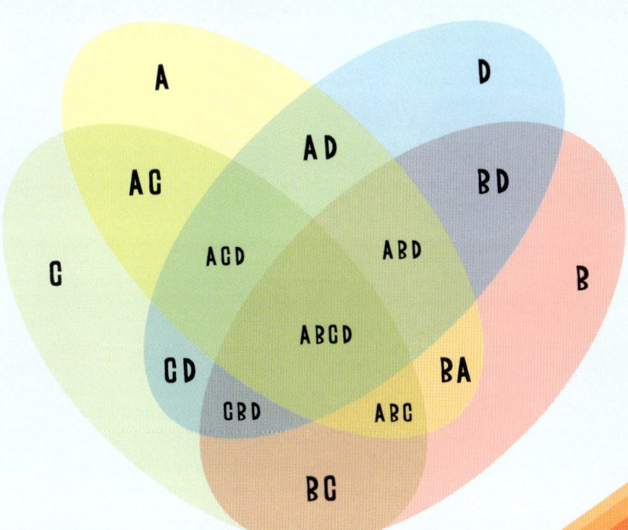

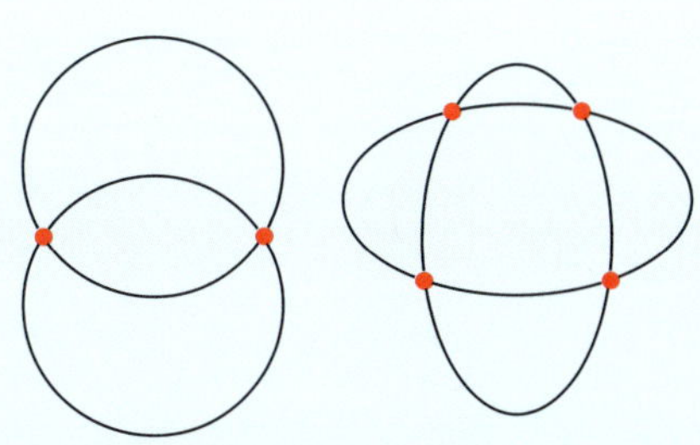

Der Grund: Wenn du zwei Ellipsen zeichnest, kannst du sie so anordnen, dass sie sich an vier Punkten überschneiden. Bei zwei Kreisen jedoch bekommst du nie mehr als zwei Schnittpunkte. Probier's aus!

INSIDE OUT

Verrückt, aber wahr: Ein Ball, ein Ballon oder jede andere Kugel kann umgestülpt, d. h. ihr Inneres nach außen gekehrt werden, ohne sie zu zerschneiden, zu zerreißen oder ein Loch hineinzubohren – mathematisch betrachtet jedenfalls! Mit einem echten Ball funktioniert das nicht, aber mit einer mathematischen „Sphäre" (Kugeloberfläche) schon. Diese Umstülpung ist so schwer darzustellen, dass ihr mathematischer Beweis ein Meilenstein war.

Ungelöste Probleme

Die Mathematik ist voller unbeantworteter Fragen. Kannst du bei diesen rätselhaften Problemen, über die sich Mathematiker*innen seit Jahren den Kopf zerbrechen, weiterhelfen?

IST DAS ERGEBNIS IMMER 1?

Wähle eine beliebige ganze Zahl (weder Kommazahl noch Bruch, keine negative Zahl). Ist die Zahl gerade, teile sie durch 2. Ist die Zahl ungerade, multipliziere sie mit 3 und addiere 1. Wiederhole diese Schritte. Was stellst du fest?

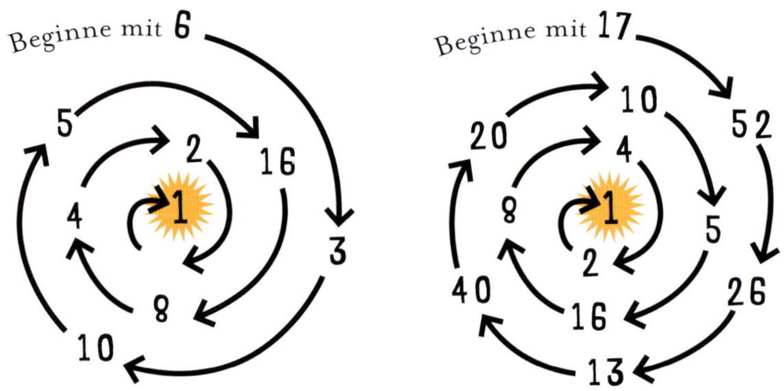

Mathematiker*innen gehen davon aus, dass das Ergebnis immer 1 ist, ganz egal, mit welcher Zahl man beginnt – 3 oder 189 oder 34.685.932.110. Aber ganz sicher sind sie sich nicht.

Dieses etwa 90 Jahre alte mathematische Problem, das sogenannte Collatz-Problem, ist ungelöst. Zwar haben Mathematiker*innen viele, viele Zahlen durchprobiert (alle Zahlen unter 300 Trillionen!) und das Ergebnis war immer 1, aber es ist unmöglich, dies mit jeder existierenden Zahl zu machen. Man bräuchte einen logischen Beweis, um zu zeigen, dass das Schema immer funktioniert, aber bis jetzt hat ihn noch niemand gefunden.

PRIMZAHLHYPOTHESE

Jede gerade Zahl, die größer als 2 ist, ist Summe zweier Primzahlen. Stimmt's?

Dieses ungelöste Problem wird als Goldbachsche Vermutung bezeichnet. Mit kleinen Zahlen kannst du sie selbst überprüfen:

8 = 3 + 5

42 = 5 + 37, 11 + 31, 13 + 29 UND 19 + 23

Je größer die Zahlen werden, desto schwieriger wird es, dies zu überprüfen. Auf diese Weise lässt sich die Frage nicht beantworten! Die Goldbachsche Vermutung ist fast 300 Jahre alt und eines der ältesten (und bekanntesten) ungelösten Probleme der Mathematik.

MILLION-DOLLAR-PROBLEME

Zur Jahrtausendwende listete das US-amerikanische Clay Mathematics Institute sieben bedeutende Probleme der Mathematik auf, die es in den nächsten 1000 Jahren zu lösen gelte. Wem es gelingt, eines dieser Millennium-Probleme zu knacken, wird mit 1 Million US-Dollar belohnt.

Eines der Probleme, die sogenannte Poincaré-Vermutung, wurde 2002 von dem russischen Mathematiker Grigori Perelmann gelöst, aber es dauerte vier Jahre, bis andere Mathematiker*innen ihm endlich glaubten! Und stell dir vor: Er schlug das Preisgeld (1 Million Dollar) aus!

EINES ABGEHAKT. BLEIBEN NOCH SECHS ...

KNOTEN ODER UNKNOTEN?

Die Knotentheorie ist ein Gebiet der Mathematik, in dem es – du ahnst es schon – um Knoten geht!

Ein echter Knoten ist in der Knotentheorie die ringförmig geschlossene Schlinge einer in sich verknoteten Schnur, die nicht vollkommen entwirrt werden kann, ohne die Schnur zu zerschneiden. Ein „Unknoten" ist eine Schlinge, die nicht verheddert ist (im Grunde einfach ein Kreis) oder ohne Zerschneiden der Schnur aufgedröselt werden kann. Knotentheoretiker*innen lieben wirre Knäuel und fragen: „Handelt es sich hier um einen echten Knoten oder lediglich um einen Unknoten, den es zu entwirren gilt?"

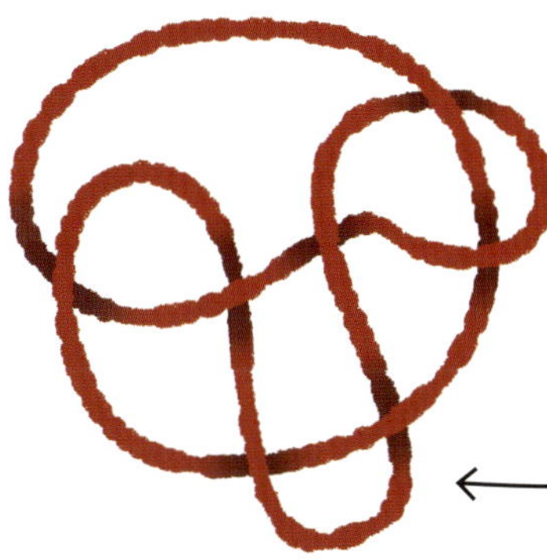

ECHTER KNOTEN ODER UNKNOTEN? DIE SACHE SIEHT AUF JEDEN FALL KOMPLIZIERT AUS. UND SIE IST ES AUCH: DIESER KNOTEN KANN NICHT ENTWIRRT WERDEN, OHNE DIE SCHNUR ZU ZERSCHNEIDEN.

Mittlerweile haben Knotentheoretiker*innen einen Algorithmus (eine Handlungsvorschrift aus definierten Einzelschritten) entwickelt, der ihnen sagen soll, ob es sich bei einem Knoten um einen echten Knoten handelt. Aber je verschlungener der Knoten ist, desto länger dauert es, die Schritte des Algorithmus zu befolgen – bis der Prozess so lange dauert, dass er nutzlos ist. Bis jetzt wurde noch kein Algorithmus gefunden, der das Knotenproblem schnell genug lösen könnte.

Spiele ohne Ende

Mathematik macht mehr aus jedem Spiel! Sich neue Spiele auszudenken, sie zu spielen und zu gewinnen, macht mit Mathe erst richtig Spaß!

UND DIE LÖSUNG LAUTET …

Dass mathematische Probleme Lösungen haben, ist bekannt, aber Spiele? Ja, auch manche Spiele kann man mathematisch lösen.

Ein Spiel gilt als gelöst, wenn zu jedem Zeitpunkt sicher vorhergesagt werden kann, was im Spiel als nächstes passiert, so lange die Spielenden keine Fehler machen. Spiele mit klaren Regeln und Ergebnissen, bei denen Glück keine Rolle spielt, können – zumindest theoretisch – mathematisch gelöst werden. Manche Spiele sind jedoch so kompliziert, dass sie zwar technisch lösbar sind, aber dies noch niemandem vollständig gelungen ist.

GELÖSTE SPIELE:
Tic-Tac-Toe
Vier gewinnt
Checkers (englische Dame-Variante)

NOCH NICHT BZW. TEILWEISE GELÖSTE SPIELE:
Schach
Go

GO IST WAHRSCHEINLICH DAS ÄLTESTE BRETTSPIEL DER WELT. ES WURDE VOR ETWA 4.000 JAHREN IN CHINA ERFUNDEN.

TIC-TAC-TOE (DREI GEWINNT)

Wenn du beim Tic-Tac-Toe nie wieder verlieren willst, musst du nur folgende Regeln beachten und keine Fehler machen.

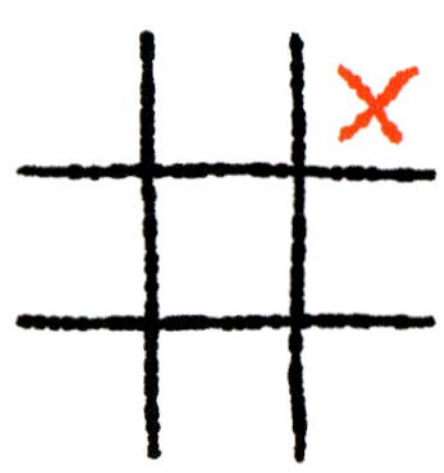

Wenn du beginnst, wähle ein Eckfeld.

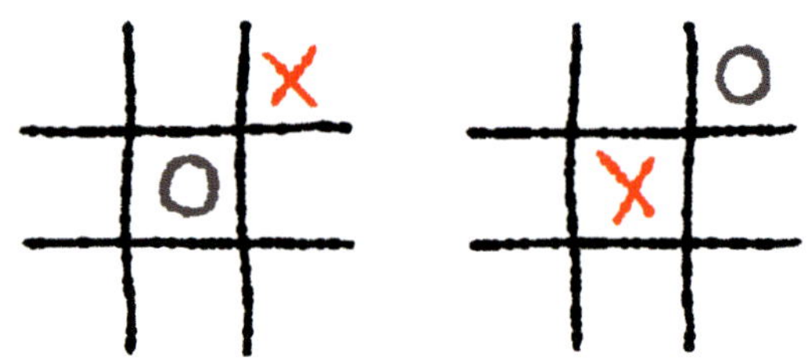

Wenn du als zweites dran bist, nimm das mittlere Feld, wenn dein(e) Gegner(in) mit der Ecke angefangen hat, oder eine Ecke, wenn dein(e) Gegner(in) in der Mitte angefangen hat.

DU WILLST GARANTIERT GEWINNEN? NICHT SO SCHNELL! ES IST MATHEMATISCH BEWIESEN, DASS, WENN ZWEI PERSONEN TIC-TAC-TOE SPIELEN UND BEIDE KEINE FEHLER MACHEN, DIE PARTIE IMMER UNENTSCHIEDEN AUSGEHT.

CHECKERS

Wenn beide Spielende keine Fehler machen, geht die Partie unentschieden aus. Versuch aber nicht, die perfekte Dame-Strategie herauszufinden, denn die ist so kompliziert, dass kein Mensch sie benutzen kann. Checkers (die englische Spielversion, bei der die Dame weiterhin nur 1 Feld weit ziehen darf) wurde 2007 von einem Computerprogramm namens Chinook nach 19 Jahren Rechenarbeit gelöst.

SPIELTHEORIE

Spieltheoretiker*innen lösen unterhaltsame Spiele wie Tic-Tac-Toe, beschäftigen sich aber auch mit Dingen, die überhaupt keinen Spaß machen. In der Spieltheorie sind wirtschaftlicher Wettbewerb, Epidemien und Krieg eine Art Spiel wie Tic-Tac-Toe. Mithilfe von Mathematik werden Strategien entwickelt, um zu „gewinnen" oder das beste Ergebnis zu erzielen.

WERDE SPIELTHEORETIKER*IN

Willst du versuchen, ein Spiel mithilfe der Spieltheorie zu lösen? Ein gutes Übungsobjekt ist das Nim-Spiel, ein sehr altes Strategiespiel, das möglicherweise in China erfunden wurde.

Nim ist ein Spiel für zwei Personen. Die Spieler*innen nehmen abwechselnd Objekte (z. B. Bonbons) aus verschiedenen Haufen weg. Die Anzahl der Haufen ist beliebig, ebenso die Anzahl der Bonbons pro Haufen. Wer an der Reihe ist, wählt einen Haufen aus und nimmt so viele Bonbons weg, wie er oder sie möchte, aber mindestens eines. Wer das allerletzte Bonbon wegnimmt, gewinnt das Spiel.

Probier's aus! Du hast zwei Start-Haufen mit der folgenden Anzahl an Objekten:

GEWINNE DAS NIM-SPIEL!

Versuche, für jede der vier unten angegebenen Varianten eine Gewinnstrategie zu entwickeln. Funktioniert bei allen Spielen dieselbe Strategie? Kommt es darauf an, wer anfängt?

Wenn du vorhersagen kannst, wer ein Nim-Spiel gewinnt, sofern feststeht, wie viele Objekte in den Haufen sind und wer anfängt (vorausgesetzt, alle spielen perfekt und niemand macht Fehler), dann hast du das Nim-Spiel gelöst – zumindest für zwei Haufen!

DIE ANTWORT FINDEST DU AM ENDE DES BUCHES!

3 UND 6 OBJEKTE

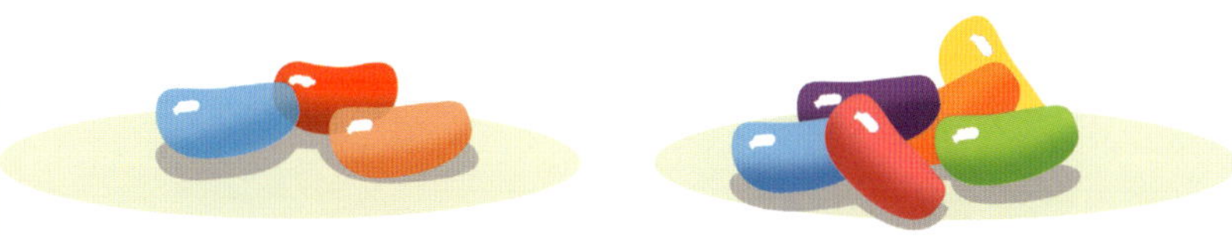

9 UND 10 OBJEKTE

1 OBJEKT UND 11 OBJEKTE

JEWEILS 8 OBJEKTE

WIE VIELE VERSCHIEDENE SPIELE?

Die Einschätzung, wie einfach oder komplex ein Spiel ist, hängt von der Anzahl der verschiedenen Möglichkeiten ab, die gespielt werden können. Das sind je nach Spiel …

10^5 (100.000) VERSCHIEDENE MÖGLICHKEITEN, TIC-TAC-TOE ZU SPIELEN.

10^{20} (100.000.000.000.000.000.000) VERSCHIEDENE MÖGLICHKEITEN, DIE DAME-VARIANTE CHECKERS ZU SPIELEN.

10^{123} VERSCHIEDENE MÖGLICHKEITEN, SCHACH ZU SPIELEN. DAS IST EINE 1 MIT 123 NULLEN!

SCHACH IST EIN DERART KOMPLEXES SPIEL, DASS MATHEMATIKER*INNEN DAVON AUSGEHEN, DASS ES NIE VOLLSTÄNDIG GELÖST WERDEN KANN.

Mathe für Spione

Du willst eine geheime Nachricht verschicken. Wie gehst du vor? Nutze die Mathematik! Sie ist die beste Waffe im Spionage-Metier!

WAS IST EINE CHIFFRE?

Als Chiffren bezeichnet man Schriftzeichen, mit denen man eine verschlüsselte Nachricht schreiben kann.

Jeder Geheimcode hat einen „Schlüssel“, mit dem der Text von Verfasser oder Verfasserin verschlüsselt und dann von Empfänger bzw. Empfängerin wieder entschlüsselt wird. Die berühmtesten und effektivsten Verschlüsselungsverfahren basieren auf mathematischen Regeln. Und wer einen Code knacken will, bedient sich ebenfalls der Mathematik!

DIE ENIGMA

war eine berühmte Schlüsselmaschine, die die Deutschen im Zweiten Weltkrieg benutzten, um den Nachrichtenverkehr vor den Alliierten geheim zu halten. Ein polnischer Mathematiker knackte den Code mithilfe der sogenannten „Permutationstheorie“: So konnte man berechnen, welche Buchstaben wie (oft) vertauscht wurden.

DIE CAESAR-VERSCHLÜSSELUNG

Die Cäsar-Chiffre beruht auf der Verschiebung der Buchstaben um eine bestimmte Anzahl von Stellen im Alphabet.
Eine Verschiebung um 3 Stellen nach rechts würde beispielsweise aus einem A ein D machen, ein B wird zu E, ein C zu F usw.

URSPRÜNGLICHE BUCHSTABEN

a	b	c	d	e	f	g	h	i	j	k	l	m	n	o	p	q	r	s	t	u	v	w	x	y	z
D	E	F	G	H	I	J	K	L	M	N	O	P	Q	R	S	T	U	V	W	X	Y	Z	A	B	C

CHIFFRIERTE BUCHSTABEN (UM 3 STELLEN VERSCHOBEN)

Um wie viele Stellen verschoben wird, wird vorab von Sender*in und Empfänger*in vereinbart.

Die Schwachstelle der Caesar-Verschiebung: Sobald ein Buchstabe entschlüsselt wurde, kennt man den Schlüssel für den gesamten Geheimtext.

Um eine Cäsar-Chiffre zu knacken, greift man auf die sogenannte Häufigkeitsanalyse zurück. Bestimmte Buchstaben kommen in Texten häufiger vor als andere. Im Deutschen ist „E“ der häufigste Buchstabe. Wer den Code einer auf Deutsch verfassten Geheimbotschaft knacken will, muss also nur herausfinden, welcher Buchstabe in der verschlüsselten Nachricht am häufigsten vorkommt – dieser Buchstabe steht höchstwahrscheinlich für das E, und an ihm kann man die Anzahl der verschobenen Stellen erkennen.

KANNST DU MITHILFE DER HÄUFIGKEITSANALYSE DIE CÄSAR-CHIFFRE KNACKEN UND DIE UNTENSTEHENDE NACHRICHT LESEN?

Finde zuerst den Buchstaben, der am häufigsten vorkommt – das ist wahrscheinlich das E. Sieh nach, um wie viele Stellen der Buchstabe E verschoben wurde. Mit dieser Information kannst du den Rest der Nachricht entschlüsseln.

igjgkoeqfg ywtfg igmpcemv

TIPP

Sobald du die Verschiebung herausgefunden hast, schreibe das Alphabet mit den jeweiligen verschobenen Buchstaben darunter auf.

DIE LÖSUNG FINDEST DU AM ENDE DES BUCHES!

DER WAHRSCHEINLICH PERFEKTE GEHEIMCODE

Dass das sogenannte One-Time-Pad (Einmalschlüsselverfahren) absolut sicher ist, wurde mathematisch bewiesen. Es funktioniert folgendermaßen:

JO MÖCHTE TIM DIE NACHRICHT „HALLO" SCHICKEN.

1. Vorab bekommen Jo und Tim eine identische Reihe aus zufälligen Buchstaben, die genauso lang ist wie die Nachricht, die übermittelt werden soll: Y H A R Z. Das ist der Schlüssel.

2. Jo weist jedem Buchstaben ihrer Nachricht und jedem Buchstaben des Schlüssels eine Zahl zu, die der jeweilien Stellung im Alphabet entspricht. A = 0, B = 1 usw.

a	b	c	d	e	f	g	h	i	j	k	l	m	n	o	p	q	r	s	t	u	v	w	x	y	z
0	1	2	3	4	5	6	7	8	9	10	11	12	13	14	15	16	17	18	19	20	21	22	23	24	25

Die Nachricht HALLO wird damit zu 7 0 11 11 14, und der Schlüssel wird zu 24 7 0 17 25.

3. Dann addiert Jo die Zahlen in ihrer Botschaft nacheinander zu den Zahlen des Schlüssels.

4. Nun zieht Jo von jeder Zahl, die größer als 25 ist, 25 ab und übersetzt die Zahlen danach wieder in Buchstaben. Sie erhält also die Zahlenfolge 6 7 11 3 14, die das chiffrierte Wort G H L D O ergibt. Dieses Wort schickt sie Tim.

TIM MACHT JOS SCHRITTE RÜCKGÄNGIG.

5. Das Wort, das er bekommen hat, verwandelt er wieder in die Zahlen 6 7 11 3 14.

6. Dann subtrahiert er die Zahlen des Schlüssels (also 24 7 0 17 25). Dort, wo er dadurch eine negative Zahl erhält, addiert er 25.

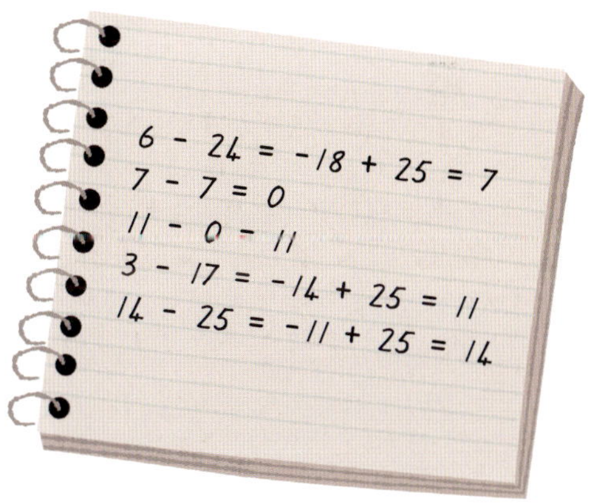

7. Schließlich wandelt Tim diese Zahlen wieder in Buchstaben um. 7 0 11 11 14 wird zu „HALLO", Jos Nachricht!

WENN DER SCHLÜSSEL WIRKLICH ZUFÄLLIG IST, NUR EINMAL VERWENDET UND STRENG GEHEIM GEHALTEN WIRD, DANN IST DIESER CODE AUF MATHEMATISCHEM WEGE NICHT ZU KNACKEN UND VOLLKOMMEN SICHER.

DER NICHT GANZ SO PERFEKTE CODE

WENN DU EINEN GEHEIMCODE WILLST, DER EXTREM SCHWER ZU KNACKEN IST, VERWENDE PRIMZAHLEN. DIESE BESONDEREN ZAHLEN NUTZT MAN ZUR SICHERUNG VON PERSÖNLICHEN DATEN IM INTERNET (SIEHE S. 55). AM ENDE SIND PRIMZAHLEN JEDOCH AUCH NICHT PERFEKT: LEISTUNGSSTARKE COMPUTER KÖNNEN DEN CODE KNACKEN.

Ups!

Hast du bei einer Dezimalzahl schon einmal das Komma aus Versehen an die falsche Stelle gesetzt? Oder bei einer Messung die Einheit verwechselt? Damit bist du nicht alleine! Mathematiker*innen vertun sich ständig! Leider kommen uns einige dieser Fehler teuer zu stehen!

UMRECHNUNGSFEHLER!

Wenn man zwischen unserem metrischen System und dem angloamerikanischen Maßsystem hin- und herwechselt, schleichen sich leicht Fehler ein. Immer wieder kommt es vor, dass etwas falsch umgerechnet oder in der falschen Einheit angegeben wird – mit zum Teil schlimmen Konsequenzen!

AUF NIMMERWIEDERSEHEN!

Der über 100 Millionen € teure Mars Climate Orbiter, konstruiert von NASA und Lockheed Martin, sollte das Klima auf dem Mars erforschen. Die Raumsonde startete Ende 1998 und erreichte zehn Monate später ihr Ziel, verglühte aber in der Marsatmosphäre. Der Grund: Die beteiligten Wissenschaftler verwendeten verschiedene Maßeinheiten: Die NASA rechnete in Zentimeter und Gramm, Lockheed Martin hingegen in Inches (Zoll) und englischem Pfund.

DER UNTERGANG DER *VASA*

Im August 1628 stach in Schweden ein prächtiges neues Kriegsschiff in See – und sank 20 Minuten später. Warum? Archäolog*innen vermuten, dass ein Grund war, dass verschiedene Maßsysteme verwendet wurden: Einerseits der ungefähr 30 cm lange „Schwedische Fuß", andererseits der nur 28 cm lange „Amsterdamer Fuß"! Dadurch war eine Seite des Schiffes schwerer als die andere. Dies und die Tatsache, dass das Schiff oberlastig war, ließen es beim ersten Windstoß sinken.

AIR CANADA FLUG 143

Im Juli 1983 musste ein Flugzeug der Air Canada zwischen Ottawa und Edmonton notlanden. Zur großen Überraschung des Piloten ging der Maschine mitten auf der Strecke der Treibstoff aus! Was war geschehen? Das Bodenpersonal in Ottawa hatte beim Betanken des Flugzeugs die Kerosinmenge in der angloamerikanischen Einheit Pfund berechnet, während das Flugzeug die Treibstoffmenge in Kilogramm anzeigte. Ein Pfund entspricht 0,45 kg, das Flugzeug hatte also nur halb so viel Kerosin an Bord, wie nötig gewesen wäre, um ans Ziel zu kommen. Zum Glück gelang es den Piloten, die Maschine sicher zu landen.

TREFFEN WIR UNS IN DER MITTE ... ODER AUCH NICHT

Als Deutschland und die Schweiz beschlossen, bei Laufenburg eine Brücke über den Rhein zu errichten, kamen die beiden Länder überein, dass jedes von seiner Seite aus Richtung Flussmitte bauen und man sich in der Mitte treffen werde. Im Sommer 2003, als die Brücke fast fertig war, entdeckte man jedoch ein Problem:
Eine Seite war 54 cm höher als die andere!
Der Grund: Die beiden Länder verwendeten unterschiedliche Bezugshöhen! Deutschland orientiert sich an der Nordsee, die Schweiz am Mittelmeer. Da die Meereshöhe nicht überall gleich ist, lagen die beiden Messungen 27 cm auseinander. Den Brückenbauern war dies zwar bewusst, aber durch einen Vorzeichenfehler bei der Berechnung verdoppelten sie die Differenz versehentlich anstatt sie auszugleichen. Ups!

ERROR

Hast du schon mal versucht, auf dem Taschenrechner etwas durch 0 zu teilen, und daraufhin die Anzeige „ERROR" gesehen? Genau das passierte 1997 an Bord des US-amerikanischen Kriegsschiffs Yorktown – nur dass dort damit das gesamte Schiff lahmgelegt wurde. Ein Mitglied der Crew gab bei der Datenerfassung eine 0 in das Computersystem ein, woraufhin der Computer versuchte, durch 0 zu teilen. Aber eine Zahl ist durch 0 nicht teilbar! Die unmögliche Rechenaufgabe war zu viel für den Schiffscomputer, das System stürzte ab. Das Schiff musste in den Hafen geschleppt und repariert werden.

DIE 14-MILLIONEN-EURO-KOMMASTELLE

Die milliardenschwere Erweiterung der spanischen Flotte um vier neue U-Boote erwies sich als Schlag ins Wasser, weil sich jemand um eine Dezimalstelle verrechnet hatte. 2013 fiel auf, dass das beinahe fertiggestellte erste U-Boot viel schwerer war als geplant. Mit einem Übergewicht von 120 Tonnen wäre der erste Tauchgang auch gleich der letzte gewesen. Um das Problem zu lösen, musste das U-Boot mehrere Meter verlängert werden, wodurch Mehrkosten von mindestens 14 Millionen € entstanden.

SO WIRST DU EIN MATHEGENIE!

Übung macht den Meister und die Meisterin! Mit diesen einfachen Tricks kannst du deine Mathekenntnisse ausbauen. Und wenn du solche Tricks nicht nur kennst, sondern auch weißt, warum sie funktionieren, bist du ein echter Crack!

GEOMETRIEGENIE Mit einem einfachen Falttrick verwandelst du ein normales DinA4-Blatt ohne Lineal in ein Quadrat:

1.

Lege das Blatt quer vor dir hin. Nimm die linke obere Ecke und falte sie zur unteren langen Kante hin. Achte darauf, dass beide Kanten genau aufeinander liegen, und drucke die Falz platt.

2.

Schneide das überstehende schmale Rechteck ab.

3.

Klappe das Blatt auf und … fertig ist das perfekte Quadrat! Ganz ohne Lineal!

WARUM FUNKTIONIERT DIESER TRICK?

Bei einem Quadrat sind alle vier Seiten gleich lang, während bei Rechtecken nur je zwei Seiten die gleiche Länge haben. Wenn du das Papier so faltest, dass die kurze Seite genau auf der langen Seite liegt, überträgt das Blatt wie ein Lineal die Länge der kurzen Seite auf die lange. Wenn du den Überstand abschneidest, schneidest du die lange Seite auf die Länge der kurzen Seite zu. Und so entsteht ein Quadrat!

MATHEGENIES UNSERER ZEIT

Mit der nötigen Konzentration kriegen wir das mit dem Rechnen immer irgendwie hin. Aber ab und zu gibt es Menschen mit derart unglaublichen mathematischen Fähigkeiten, dass sie aus der Menge herausstechen. Ein paar stellen wir hier vor.

JASON PADGETT

arbeitete als normaler Möbelverkäufer. Doch infolge einer Kopfverletzung änderte sich die Funktionsweise seines Gehirns. Seitdem denkt er ständig über Mathe nach und kann unglaublich komplexe fraktale Muster zeichnen.

SHAKUNTALA DEVI

war unfassbar gut im Kopfrechnen. Die indische Mathematikerin schaffte es ins Guinness-Buch der Rekorde, weil sie in nur 28 Sekunden zwei 13-stellige Zahlen miteinander multiplizieren konnte!

MEISTERHAFT MULTIPLIZIERT Willst du multiplizieren und dividieren wie ein Superhirn? Achte auf Muster und Schemata! Multiplikationen mit dem Faktor 11 sind ein Kinderspiel – wenn du ein bestimmtes Schema verwendest!

EINE EINSTELLIGE ZAHL MIT 11 MULTIPLIZIEREN: EINFACH DIE ZAHL VERDOPPELN.

EINE ZWEISTELLIGE ZAHL MIT 11 MULTIPLIZIEREN:

1. Teile die zu multiplizierende Zahl auf. Sie wird zur ersten und zur letzten Ziffer der Lösung.

BEISPIEL: 11 • 24 = 2 _ 4

2. Bilde die Quersumme der zu multiplizierenden Zahl. Dies wird die mittlere Ziffer der Lösung.

BEISPIEL: 2 + 4 = 6 ALSO 11 • 24 = 264

TADAA!

Aber was passiert, wenn die Quersumme eine zweistellige Zahl ergibt und damit zu groß ist für die mittlere Position?

BEISPIEL: 11 • 39 = 3 _ 9 ABER 3 + 9 = 12

IN DEM FALL WIRD DIE 2 ZUR MITTLEREN ZIFFER, UND DIE 1 WIRD ZUR 3 ADDIERT:

11 • 39 = 429!

WARUM FUNKTIONIERT DIESER TRICK?

Eine Multiplikation mit 11 ist, als würde man nacheinander mit 10 und 1 multiplizieren und die Antworten addieren. Beispiel:

11 • 24 IST DAS GLEICHE WIE 10 • 24 (240) PLUS 1 • 24 (24) = 264

Viele Mathe-Cracks nutzen einen ähnlichen Trick, um auch andere Zahlen jenseits der 11 schnell im Kopf zu rechnen. Wenn es dir z. B. zu schwer erscheint, etwas mit 73 malzunehmen, multiplizierst du die Zahl erst mit 70, dann mit 3 und zählst die Ergebnisse dann zusammen. Ist schon ein bisschen einfacher, oder?

KATHERINE JOHNSON, DOROTHY VAUGHAN UND MARY JACKSON

arbeiteten für die US-Weltraumbehörde NASA. Ab den 1950er-Jahren führten sie komplexe Berechnungen für das Raumfahrtprogramm durch. Weil die Frauen schwarz waren, mussten sie damals in abgesonderten Büros arbeiten, und ihre Arbeit wurde nicht angemessen gewürdigt.

MAGNUS CARLSEN

ist vielleicht der beste Schachspieler, den die Welt je gesehen hat! Mit 23 Jahren wurde er Schachweltmeister, mit 24 war er der Schachspieler mit der bis dato höchsten Wertungszahl überhaupt. Um gut Schach zu spielen, musst du mit Logik, Arithmetik und Geometrie arbeiten – lauter Teilgebiete der Mathematik.

Noch mehr harte Nüsse

Kannst du die folgenden mathematischen Rätsel lösen? Die Auflösung findest du auf der nächsten Seite, aber gib nicht zu schnell auf!

LÖSE DAS KRYPTOGRAMM!

Das Addieren von Zahlen ist kein Problem für dich, aber kannst du auch Wörter addieren?

Kryptogramme sind Rätsel, bei denen die Zahlen eines arithmetischen Problems durch Buchstaben ersetzt wurden, die Wörter ergeben. In diesem Rätsel steht jeder Buchstabe für eine bestimmte Zahl zwischen 0 und 9. Durch welche Zahlen würdest du die Buchstaben ersetzen, damit die Addition funktioniert?

$$\begin{array}{r} \text{EINS} \\ +\text{EINS} \\ \hline \text{ZWEI} \end{array}$$

TIPP: FÜR DIESES RÄTSEL GIBT ES VIELE LÖSUNGEN. WENN DU EINE FINDEST, FALLEN DIR VIELLEICHT NOCH WEITERE EIN!

BONGARDS SUCHE NACH MUSTERN

Hier geht es um Mustererkennung. Die Muster können aus Formen, Farben, Positionen oder jeder anderen bildlich darstellbaren Eigenschaft bestehen.

Unten siehst du ein typisches Bongard-Problem:

DIE 6 BILDER AUF DER LINKEN SEITE SEHEN DENEN RECHTS ÄHNLICH ...

... UNTERSCHEIDEN SICH ABER IN EINEM BESTIMMTEN MERKMAL! ERRÄTST DU ES?

Die Antwort lautet: In den Bildern links haben alle Figuren drei Seiten, in den Bildern rechts hingegen haben alle vier Seiten!

Jetzt bist du dran! Findest du das eine Merkmal, durch das sich die Bilder links von denen auf der rechten Seite unterscheiden?

RÄTSEL 1

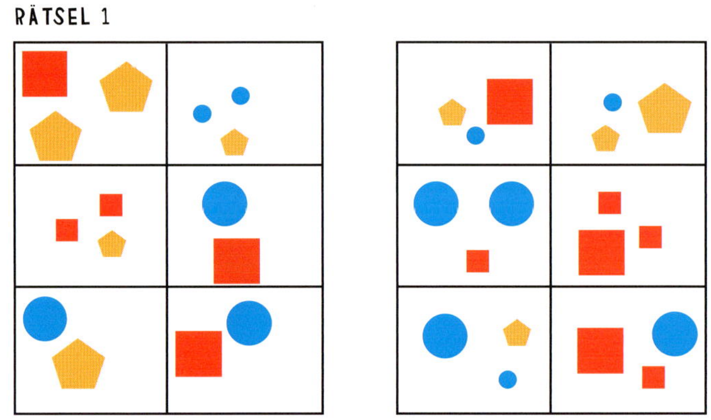

RÄTSEL 2

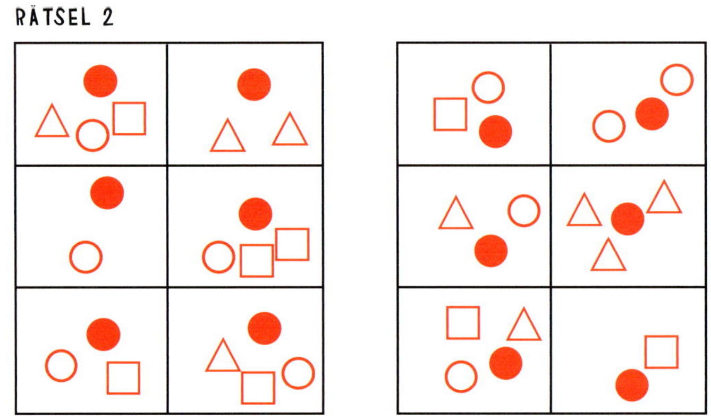

NIMM ZWEI!

Kannst du diese kniffligen Zahnstocherrätsel lösen?

TIPP: BAUE DIE AUFGABENSTELLUNG MIT ECHTEN ZAHNSTOCHERN, BLEISTIFTEN ODER ANDEREN DÜNNEN, GERADEN OBJEKTEN NACH.

NIMM ZWEI ZAHNSTOCHER WEG, SODASS ZWEI QUADRATE ÜBRIGBLEIBEN.

ENTFERNE ZWEI ZAHNSTOCHER, SODASS ZWEI DREIECKE ÜBRIGBLEIBEN.

DREIECKSVERBOT!

Dies ist ein Rätsel für zwei Personen!

Übertrage zunächst die unten abgebildeten Punkte (sie bilden einen Kreis) auf ein Blatt Papier. Jede*r von euch hat einen Stift in einer anderen Farbe. Abwechselnd verbindet ihr zwei Punkte durch eine gerade Linie. Zwei Punkte, die bereits durch eine Linie verbunden sind, dürfen nicht ein zweites Mal verbunden werden. Das Ziel besteht darin, möglichst KEIN DREIECK zu zeichnen, wenn ihr drei Punkte verbindet!

BEI DIESEM SPIEL HAT SPIELER*IN ROT VERLOREN, WEIL DIE ROTEN VERBINDUNGEN ZWISCHEN DREI PUNKTEN EIN DREIECK ERGEBEN.

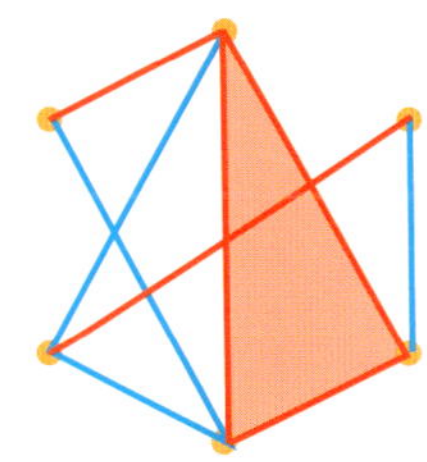

CUPCAKE-CHAOS

Kannst du dieses zuckersüße Problem lösen?

Ein Lastwagenfahrer hat den Auftrag, Cupcakes von der Kuchenfabrik in Alphastadt zur Bäckerei in das 1000 km entfernte Betalingen zu transportieren. In den LKW passen maximal 1000 Cupcakes. Leider ist der Fahrer eine echte Naschkatze und verspeist pro Kilometer einen Cupcake. Wenn sein LKW 1000 Stück geladen hat und er die gesamte Strecke fährt, wird er alle Cupcakes aufessen, und die Bäckerei geht leer aus. Das darf nicht passieren! Wenigstens 500 Cupcakes müssen in Betalingen ankommen. Hast du eine Idee, wie das gelingen könnte?

TIPP: DER FAHRER KANN ÜBERALL ENTLANG DER ROUTE CUPCAKES IN EINER KÜHLBOX DEPONIEREN UND SPÄTER WIEDER EINSAMMELN.

NOCH EIN TIPP: VERSUCHE DIE PROBLEMSTELLUNG GRAFISCH DARZUSTELLEN, ALSO Z. B. DIE STRECKE UND MÖGLICHE UNTERTEILUNGEN AUFZUZEICHNEN (SIEHE UNTEN).

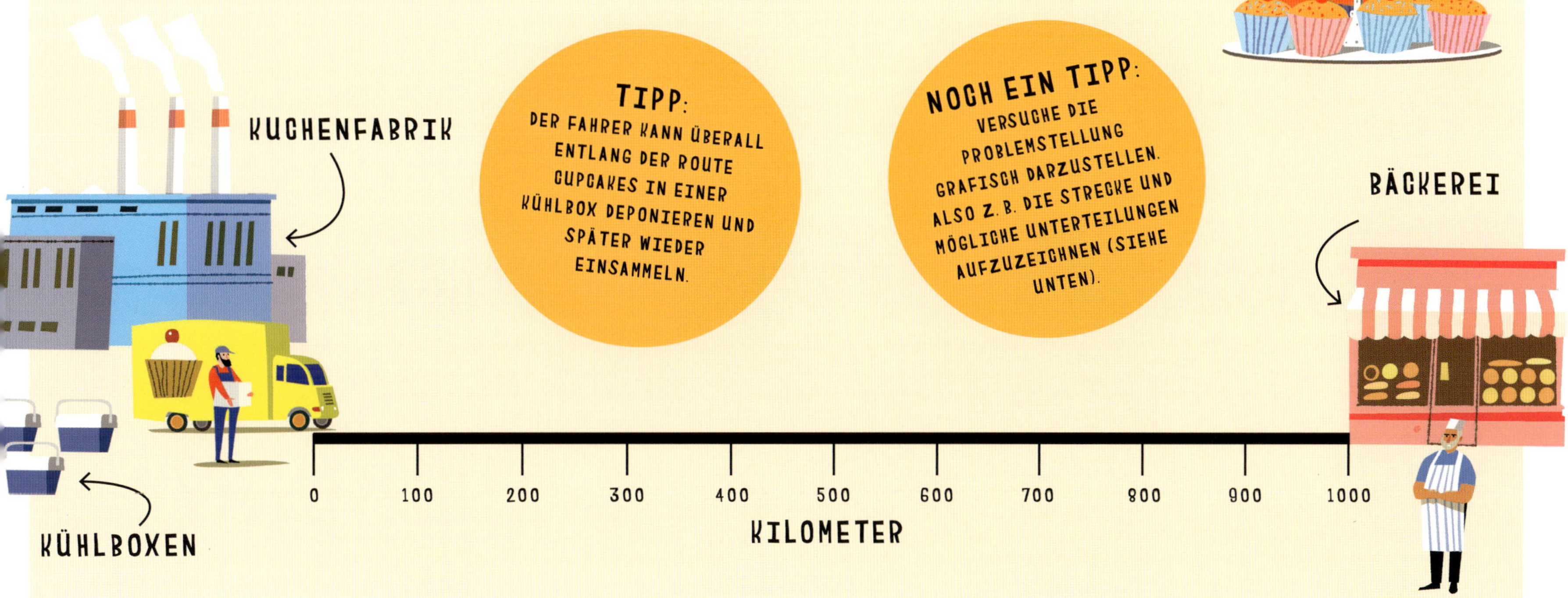

Lösungen

SEITE 12:
EINE KURZE GESCHICHTE DER MATHEMATIK Magisches Quadrat

4	9	2
3	5	7
8	1	6

SEITE 15:
DIE RUHMESHALLE DER MATHEMATIK

Conways Spiel des Lebens

Die letzte Zell-Gruppe stirbt am Ende.
Hier siehst du, wie sich die einzelnen Zellgruppen entwickeln:

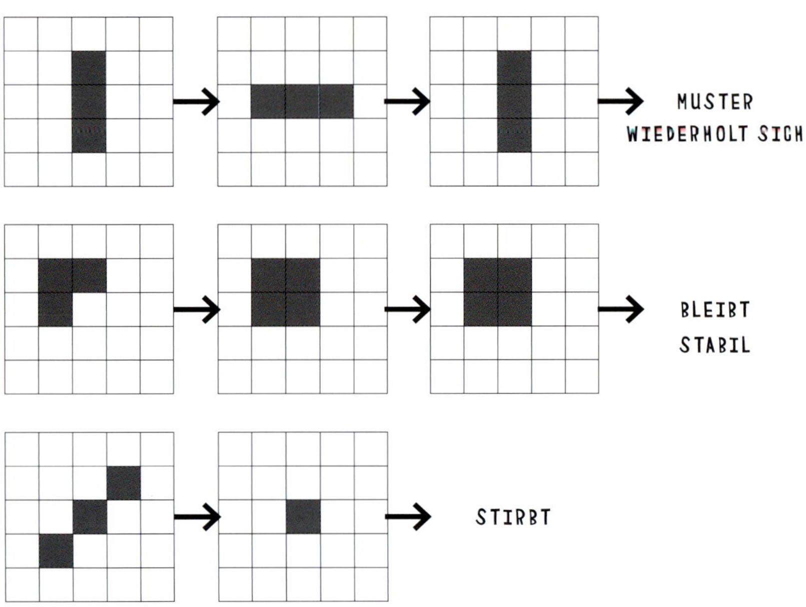

SEITE 79: SPIELE OHNE ENDE

Werde ein*e Spieltheoretiker*in

Wenn du Nim mit zwei Haufen spielst, besteht die Gewinnstrategie darin, die Haufen immer wieder auszugleichen. Wenn du dran bist, nimmst du so viele Objekte weg, dass die Haufen danach gleich groß sind. Wenn du das jedes Mal machst, gewinnst du das Spiel.

Ob du diese Strategie anwenden kannst, hängt ab von:

- der Anzahl der Objekte in den Haufen.
- ob du anfängst oder als Zweites spielst.

Wenn du anfängst, kannst du die Strategie anwenden, wenn die Starthaufen unterschiedlich groß sind. Wenn du als Zweites dran bist, kannst du die Strategie anwenden, wenn die Starthaufen gleich groß sind.

WENN BEISPIELSWEISE DIE STARTHAUFEN 6 UND 3 OBJEKTE GROSS SIND, FÄNGST DU AN!

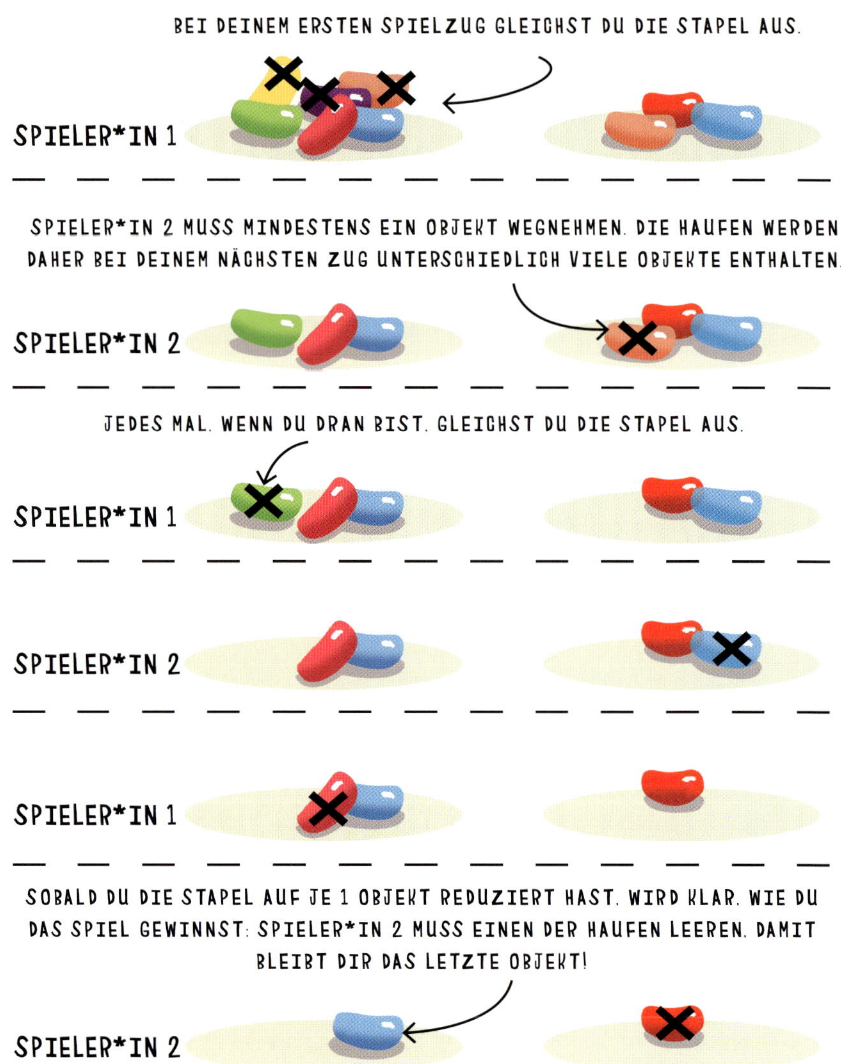

SEITE 80: MATHE FÜR SPIONE

Caesar-Entschlüsselung

Verschiebung um 2 Stellen nach rechts; die Botschaft lautet: „Geheimcode wurde geknackt".

SEITEN 86–87: NOCH MEHR HARTE NÜSSE

Kryptogramme

Es gibt viele verschiedene Möglichkeiten, die Buchstaben so durch Zahlen zu ersetzen, dass bei der Addition die richtige Summe herauskommt.

Hier siehst du zwei mögliche Lösungen für dieses Kryptogramm:

E = 1, I = 4, N = 0, S = 7, Z = 2, W = 8
also 1407 + 1407 = 2841

E = 3, I = 8, N = 1, S = 9, Z = 7, W = 6
also 3819 + 3819 = 7638

Bongard-Probleme

Rätsel 1: In den Bildern auf der linken Seite sind alle Formen gleich groß, während die Formen in den Bildern rechts unterschiedlich groß sind.

Rätsel 2: In den Bildern links befindet sich der gefüllte Kreis immer oberhalb von allen anderen Formen. Rechts ist der gefüllte Kreis mal zwischen, mal unter den anderen Formen.

Nimm zwei!

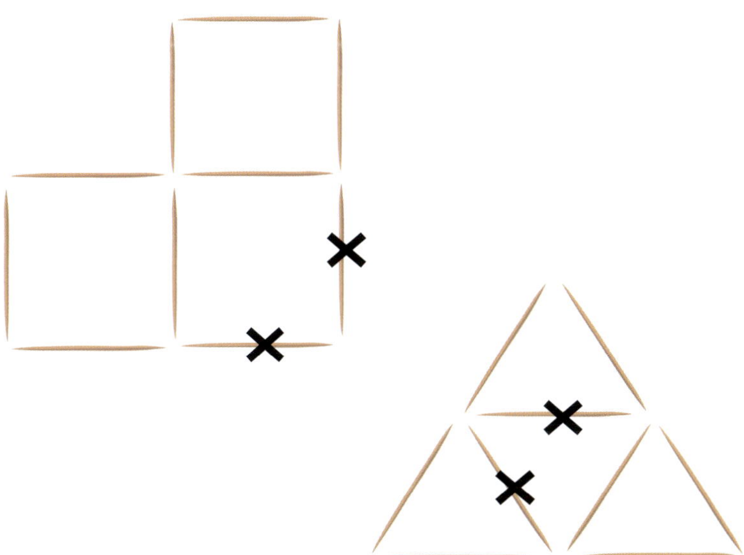

Cupcake-Chaos

Es gibt verschiedene Möglichkeiten, dafür zu sorgen, dass 500 Cupcakes in Betalingen ankommen, solange der Fahrer unterwegs Cupcakes deponiert und später wieder abholt. Der folgende Lösungsvorschlag ist nur einer von vielen. Vielleicht hast du das Problem anders gelöst?

Der Fahrer fährt mit den 1000 Cupcakes die ersten 500 km Richtung Betalingen und verspeist unterwegs 500 Cupcakes. Auf halber Strecke deponiert er die verbliebenen 500 Stück in Kühlboxen am Straßenrand.
Danach fährt er zurück nach Alphastadt und belädt den LKW noch einmal mit 1000 Cupcakes. Er fährt wieder die halbe Strecke und isst 500 Cupcakes. Dann hält er dort an, wo er die Kühlboxen abgestellt hatte, und packt die deponierten 500 Cupcakes ein. Nun befinden sich wieder 1000 Cupcakes im LKW. Er fährt die restlichen 500 km nach Betalingen und isst weitere 500 Cupcakes, kann aber trotzdem 500 Cupcakes bei der Bäckerei abliefern!

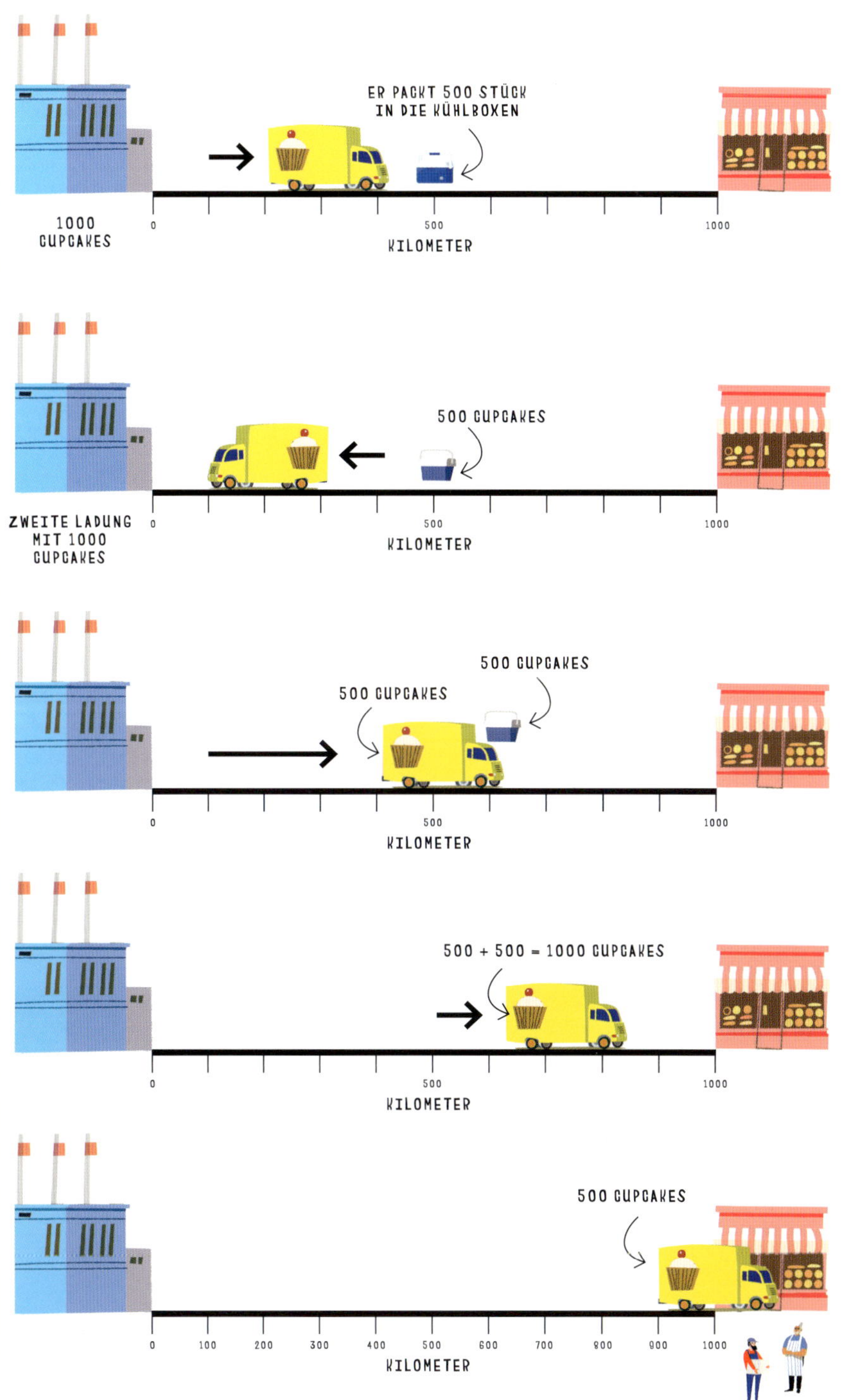

Glossar

1D (eindimensional) Mit nur einer Dimension, z. B. Höhe, aber ohne Breite oder Tiefe.

2D (zweidimensional) Mit zwei Dimensionen, z. B. Höhe und Breite, aber ohne Tiefe.

3D (dreidimensional) Mit drei Dimensionen, also z. B. Höhe, Breite und Tiefe.

ALGEBRA Teilgebiet der Mathematik, das mathematische Symbole verwendet, um Zahlen darzustellen.

ALGORITHMUS Eine Schritt-für-Schritt-Handlungsvorschrift. Computer verwenden z. B. Algorithmen, um eine Aufgaben zu lösen.

ANALYSIS / INFINITESIMALRECHNUNG Ein Teilgebiet der Mathematik, das kontinuierliche Veränderungen untersucht.

ÄNDERUNGSRATE Sie gibt an, wie stark sich eine Größe im Verhältnis zu einer anderen verändert. Beispiel: Geschwindigkeit ist eine Änderungsrate, die vergleicht, wie sich die zurückgelegte Entfernung im Verhältnis zur Zeit verändert.

ANTEIL Ein Teil im Verhältnis zum Ganzen. Beispiel: Du hast 10 Haustiere und 7 davon sind Fische, dann beträgt der Anteil der Haustiere, die Fische sind, 7 von 10. Siehe auch Verhältnis.

ANTIKES GRIECHENLAND Eine in der Nähe des heutigen Griechenland angesiedelte Mittelmeerkultur, die grob vom 12. Jahrhundert v. Chr. bis zum 7. Jahrhundert n. Chr. dauerte.

ARITHMETIK Dieses Teilgebiet der Mathematik beschäftigt sich mit der Erforschung der Zahlen und ihrem Verhalten bei mathematischen Operationen wie Addition, Subtraktion, Multiplikation und Division.

(BE-)RECHNEN Das Ermitteln der Antwort oder Lösung einer Aufgabe mithilfe von mathematischen Operationen (wie Addieren, Subtrahieren, Multiplizieren und Dividieren).

BRUCHZAHL Eine Zahl, die keine ganze Zahl ist, aber als Bruch von ganzen Zahlen dargestellt werden kann. Beispiele: 2/3, 9/4 und 10 ½. Die Zahl unter dem Bruchstrich, der „Nenner“, gibt an, in wie viele gleichgroße Teile die ganze Zahl geteilt wird. Die Zahl über dem Bruchstrich, der „Zähler“, gibt an, wie viele dieser Teile verwendet werden.

DATEN Eine Ansammlung von Informationen, z. B. Gegebenheiten, Zahlen oder Maße.

DEZIMALZAHL Die Darstellung von Bruchzahlen (d. h. nicht-ganzen Zahlen) mithilfe des Stellenwertsystems. Ein Komma trennt die ganze Zahl von dem Teil, der kleiner ist als 1. Beispiele: 0,1 oder 3,6.

DIAGRAMM (SCHAUBILD) Eine grafische Darstellung, die das Verhältnis von zwei oder mehr Informationen zeigt. Beispiele: Piktogramm, Balkendiagramm, Säulendiagramm, Kreisdiagramm.

DIMENSION Ein Maß für die Ausdehnung von etwas in einer Richtung; Länge, Breite und Höhe sind Dimensionen.

DIVISOR (TEILER) Eine Zahl, durch die eine andere Zahl ganzzahlig teilbar ist, ist deren Divisor. Beispiel: 3 ist ein Divisor von 12, denn $12 \div 3 = 4$.

DURCHMESSER Die Entfernung von einer Seite des Kreises zur anderen durch den Mittelpunkt.

FLÄCHE Die Größe eines zweidimensionalen Gebildes, z. B. eines Kreises oder Quadrates.

FOLGE (SEQUENZ) Eine Auflistung von fortlaufend nummerierten Objekten (wie zum Beispiel Zahlen).

FORMEL Eine mathematische Regel oder Gesetzmäßigkeit, die mithilfe von Symbolen und Zahlen beschrieben wird.

FRAKTAL Ein unendliches Muster, das sich immer aufs Neue wiederholt, in immer kleinerem Maßstab.

GANZE ZAHLEN Die Zahlen, die wir für das normale Zählen verwenden (0, 1, 2, 3, 4 usw.) – keine Dezimalzahlen oder Brüche oder negative Zahlen.

GEOMETRIE Mathegebiet, in dem es um Formen, Linien, Punkte und Winkel geht.

GLEICHUNG Eine Aussage, aus der hervorgeht, dass die Werte zweier mathematischer Ausdrücke gleich sind. Beispiel: Die Gleichung $4x + 8 = 16$ sagt aus, dass der Wert von $4x + 8$ dem Wert von 16 entspricht.

HÄUFIGKEITSVERTEILUNG Eine Funktion in der mathematischen Statistik, die zu jedem Wert angibt, wie häufig dieser vorkommt.

IRRATIONALE ZAHL Eine Zahl, die als Dezimalzahl mit einer sich nicht wiederholenden, unendlichen Anzahl an Nachkommastellen dargestellt werden kann, aber nicht als Bruch ganzer Zahlen. Beispiel: Pi (π), das ungefähr 3,14159 beträgt (aber eigentlich unendlich viele Dezimalstellen hat).

KEGEL Ein dreidimensionales Gebilde mit kreisförmiger Basis und einer gekrümmten, spitz zulaufenden Oberfläche.

KUGEL Das dreidimensionale Äquivalent eines Kreises; ein Körper, bei dem jeder Punkt auf der Oberfläche den gleichen Abstand zum Zentrum des Körpers hat.

MATHEMATIKER*IN Jede Person, die sich mit Mathematik beschäftigt – auch du!

MASSEINHEIT Eine standardisierte Menge wie Meter, Zentimeter, Gramm, Kilogramm oder Minute.

MESSEN Vorgehensweise, um die Größe oder Menge von etwas zu bestimmen, zum Beispiel den Abstand zwischen zwei Punkten, das Gewicht eines Gegenstands oder das Volumen (Fassungsvermögen) eines Behälters.

METRISCHES SYSTEM Ein Einheitensystem, das Dezimalzahlen und Zehnerpotenzen verwendet. Typische Einheiten: Meter (als Maß für die Entfernung), Gramm (Gewicht) und Liter (Volumen).

MITTELWERT / DURCHSCHNITT Der Mittel- oder Durchschnittswert einer Gruppe von Zahlen. Er wird berechnet, indem man alle Zahlenwerte der Gruppe addiert und das Ergebnis durch die Anzahl der Werte dividiert.

NEGATIVE ZAHL Eine Zahl kleiner als null.

NENNER Der untere Teil eines Bruchs. Er gibt an, in wie viele Teile eine ganze Zahl geteilt wurde. Siehe auch Zähler.

PI (π) Pi gibt das Verhältnis zwischen dem Umfang eines Kreises und seinem Durchmesser an. Der Umfang ist immer gleich dem Produkt aus Durchmesser und Pi. Pi beträgt ungefähr 3,14159 und wird mit dem Symbol π dargestellt.

PRIMZAHL Jede Zahl größer als 1, die nur durch sich selbst und durch 1 teilbar ist. Beispiel: 13 ist eine Primzahl, da sie nur durch 13 und 1 ganzzahlig geteilt werden kann.

PROZENT Ein Größenverhältnis, das als Anteil von 100 ausgedrückt wird. 20 Prozent (oder 20 %) bedeutet 20 von 100.

QUADRAT (EINER ZAHL) Eine Zahl im Quadrat („hoch zwei") bedeutet, dass die Zahl mit sich selbst multipliziert wird. Beispiel: 3^2 („3 hoch 2") bedeutet $3 \cdot 3$; das Ergebnis ist 9.

QUADRATWURZEL (AUS EINER ZAHL) Die Quadratwurzel einer Zahl ist jener Wert, der, wenn man ihn mit sich selbst multipliziert, die ursprüngliche Zahl ergibt. Beispiel: Die Quadratwurzel aus 9 ist 3, denn $3 \cdot 3 = 9$.

RADIUS Der Abstand vom Mittelpunkt eines Kreises bis zum Umfang. Der Radius ist halb so groß wie der Durchmesser.

RECHTER WINKEL Ein Winkel, der 90° (sprich „90 Grad") misst.

ROTATION Die Drehung einer Form oder eines Gegenstands um einen zentralen festen Punkt oder eine Rotationsachse.

SATZ (Theorem) Ein mathematischer Fakt, dessen Gültigkeit bewiesen wurde.

SCHÄTZUNG Eine grobe Aussage über den Wert von etwas, ohne dies genau auszurechnen.

STANDARDISIEREN vereinheitlichen.

STATISTIK Einerseits ein Teilgebiet von Mathe, andererseits eine eigenständige mathematische Disziplin rund um das Erheben, die Analyse und die Interpretation von Daten.

STELLENWERTSYSTEM Die Wertigkeit jeder Ziffer in einer Zahl hängt von ihrer Position ab. Je weiter du dich in einer mehrstelligen Zahl nach links bewegst, desto größer ist der Wert der jeweiligen Ziffer. Beispiel: In der Zahl 327 hat die 3 den Wert drei Hunderter, die 2 hat den Wert zwei Zehner und die 7 hat den Wert sieben Einer. In unserem Zehnersystem ist mit jedem Schritt nach links die Position zehnmal so groß wie die Stelle rechts davon.

SYMMETRIE Ein Gegenstand ist symmetrisch, wenn er nach dem Umklappen entlang der Spiegelachse (Spiegelsymmetrie), einer Drehung (Drehsymmetrie) oder Verschiebung (Translationssymmetrie) genauso aussieht wie vorher.

THEORIE Eine mathematische Idee, deren Gültigkeit noch nicht bewiesen wurde.

TOPOLOGIE Ein Teilgebiet der Mathematik, das untersucht, wie Formen verzerrt, gedehnt und gestaucht werden können.

TRIGONOMETRIE Ein Teilgebiet der Mathematik, das die Beziehungen zwischen den Seiten und Winkeln von Dreiecken untersucht, insbesondere von rechtwinkligen Dreiecken.

UMFANG Die Entfernung, die zurückgelegt wird, wenn man das Äußere einer gekrümmten Fläche wie z. B. eines Kreises einmal umrundet.

UNENDLICHKEIT Etwas, das ewig weitergeht.

VERHÄLTNIS Ein Vergleich zweier Mengen oder Anteile eines Ganzen. Verhältnisse werden häufig mit einem Doppelpunkt dargestellt. Beispiel: Du hast 10 Haustiere: 7 Fische und 3 Katzen. Das Verhältnis von Fischen zu Katzen liegt bei dir zuhause somit bei 7:3 (gesprochen „7 zu 3“). Siehe auch Anteil.

VIELFACHES Eine Zahl ist ein Vielfaches einer anderen Zahl, wenn die erste ganzzahlig durch die zweite teilbar ist. Beispiel: 12 ist ein Vielfaches von 3, denn 12 ÷ 3 = 4.

VOLUMEN Der Rauminhalt eines dreidimensionalen Gebildes.

WAHRSCHEINLICHKEIT Sie gibt an, wie häufig ein bestimmtes Ereignis bei einem wiederholbaren Vorgang voraussichtlich eintritt. Sie wird entweder als Zahlenverhältnis angegeben (zum Beispiel 1:2, sprich „eins zu zwei“) oder als Prozentsatz (50 %, d. h. eine 50-prozentige Wahrscheinlichkeit).

WERT Ein Betrag oder eine Summe.

ZAHLENSYSTEM Eine definierte Menge von Zeichen zur Darstellung von Zahlen. Am weitesten verbreitet ist das indisch-arabische Zahlensystem, das auch wir verwenden, mit den Ziffern 0, 1, 2, 3, 4, 5, 6, 7, 8 und 9. Andere Zahlensysteme sind beispielsweise die römischen Zahlen oder die ägyptischen Hieroglyphen.

ZÄHLER Der obere Teil eines Bruchs. Er gibt die Anzahl der Teile an. Siehe auch Nenner.

ZIFFER Ein Symbol, das eine Zahl darstellt. Wir benutzen diese zehn Ziffern: 0, 1, 2, 3, 4, 5, 6, 7, 8 und 9.

ZYLINDER Ein dreidimensionales Gebilde mit geraden Seiten und zwei gleichgroßen, kreisrunden Enden.

Sphericon-Vorlage

1. Die Form auf ein Blatt Papier übertragen und ausschneiden.

2. Entlang der gestrichelten Linien falzen.

3. Klebelasche A an Kante B festkleben.

4. Die runden Kanten mit Klebeband zusammenkleben.

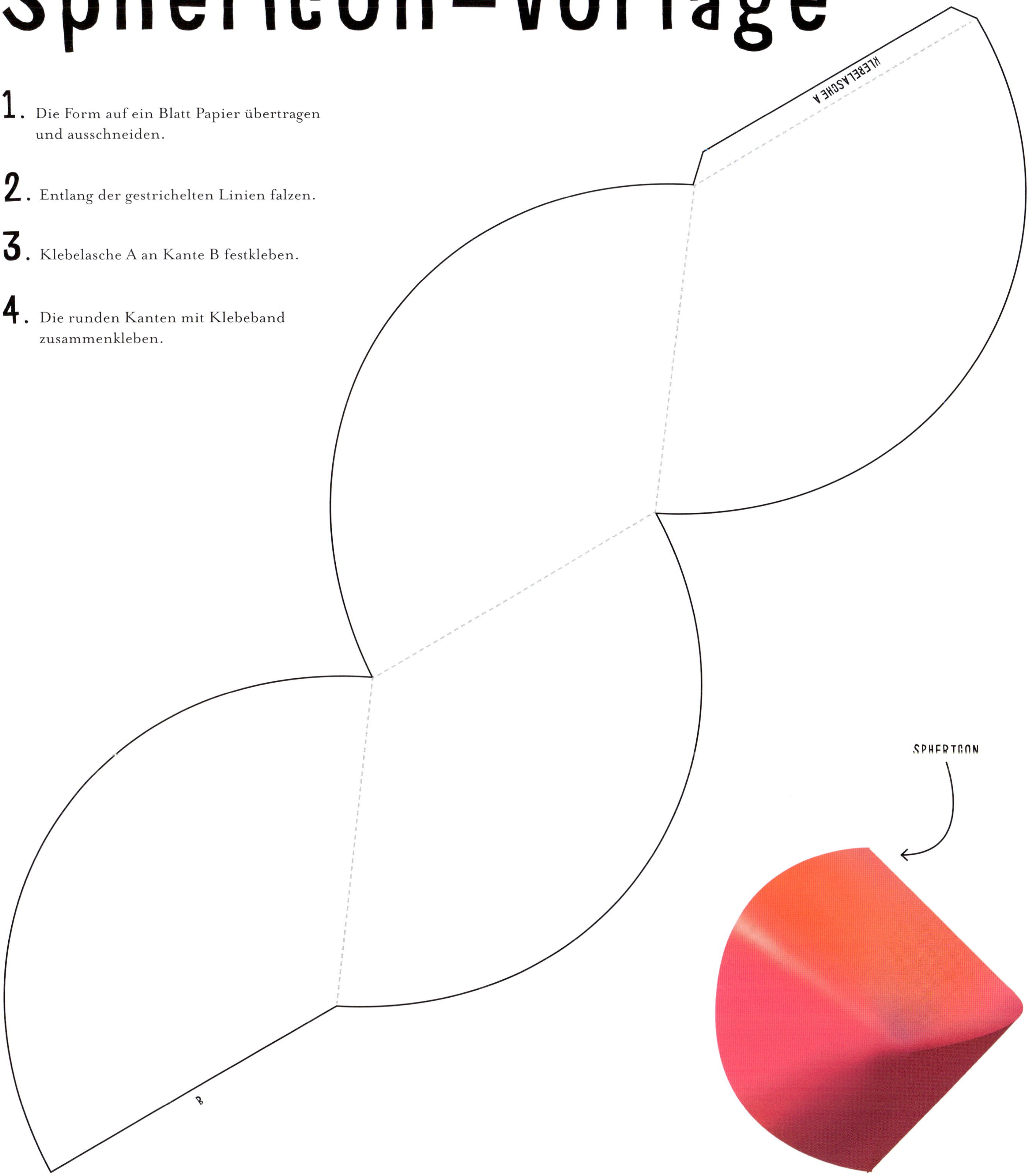

SPHERICON

Index